Narendra Rana

Quadro de Modelação Hidráulica para Mapeamento da Inundação de Cheias Urbanas

Narendra Rana

Quadro de Modelação Hidráulica para Mapeamento da Inundação de Cheias Urbanas

ScienciaScripts

Imprint

Cover image: www.ingimage.com

This book is a translation from the original published under ISBN 978-3-659-83065-5.

Publisher:
Sciencia Scripts
is a trademark of
Dodo Books Indian Ocean Ltd. and OmniScriptum S.R.L publishing group

120 High Road, East Finchley, London, N2 9ED, United Kingdom
Str. Armeneasca 28/1, office 1, Chisinau MD-2012, Republic of Moldova, Europe
Printed at: see last page
ISBN: 978-620-8-23652-6

Índice:

Quadro de Modelação Hidráulica para Mapeamento da Inundação de Cheias Urbanas

Reconhecimento

A realização deste estudo ficou a dever-se à enorme ajuda que me foi prestada por muitas pessoas e fontes. Gostaria de expressar a minha sincera gratidão a todas as pessoas que, direta ou indiretamente, me incentivaram a concluir o trabalho de investigação. Aproveito a oportunidade para agradecer ao Instituto Indiano de Deteção Remota (IIRS), Departamento do Espaço, Governo da Índia, por me ter dado a oportunidade de realizar o curso.

Gostaria de expressar os meus profundos cumprimentos ao Dr. Y.V.N. Krishna Murthy, Diretor do IIRS, Dehradun, por me ter dado a oportunidade de frequentar o Curso de Pós-Graduação e por me ter prestado toda a ajuda possível durante a minha estadia no IIRS. Estou grato à Dra. Shefali Agrawal, Coordenadora (curso de PGD e M.Tech, 2013-14), que me introduziu no conceito de Deteção Remota e SIG através dos seus ensinamentos.

Estou muito grato ao Professor P.R Chauhan, Diretor do Departamento de Geografia, ao Vice-Chanceler e ao Secretário da Universidade DDU de Gorakhpur, Gorakhpur, por me terem concedido a licença de estudo necessária para concluir este estudo.

Gostaria de agradecer ao meu supervisor Promod Kumar e a Kshama Gupta, do Urban and Regional Studied Department (URSD), por todo o seu apoio e tempo. Os meus sinceros agradecimentos à Dra. Sadhana Jain (coordenadora do curso, Módulo-III) e a Praveen Thakur,

Cientista/Engenheiro SE, Divisão de Recursos Hídricos, pelas suas valiosas sugestões.

Agradeço aos bibliotecários e ao pessoal administrativo do IIRS pela sua amável ajuda durante este curso de doutoramento.

Gostaria de agradecer aos meus colegas de turma Shantanu, Pranata e Ankita e ao resto do grupo URSD, em especial a Amit Singh (M.Tech), pelo seu apoio e encorajamento.

Por último, gostaria de expressar a minha profunda gratidão aos meus pais, à minha mulher Sumitra, à minha adorável filha Anwesha e a outros membros da família pelo seu apoio e encorajamento constantes.

Narendra Kumar Rana

Data: 23rd janeiro, 2016

Resumo

A cartografia das inundações é uma ferramenta importante para o planeamento do crescimento urbano e municipal, planos de ação de emergência, taxas de seguro contra inundações e estudos ecológicos. A cartografia de uma planície aluvial é uma componente crucial das medidas de redução do risco de inundação. Requer uma previsão do comportamento do curso de água em questão para vários intervalos de recorrência de eventos de tempestade e a capacidade de traduzir os resultados previstos numa extensão de inundação em planta. O Sistema de Análise de Rios do Centro de Engenharia Hidrológica (HEC-RAS) tem a capacidade de modelar eventos de cheias e produzir perfis de superfície da água ao longo do comprimento do curso de água modelado. Com o utilitário SIG Arc-GIS e o HEC-GeoRAS, esses perfis de superfície da água podem ser facilmente convertidos em mapas de inundação. O presente trabalho efectua um estudo de cartografia de inundações utilizando o HEC-RAS e apresenta um estudo de caso sobre a cidade de Gorakhpur e o seu ambiente, demonstrando as capacidades do HEC-RAS e do HEC-GeoRAS. A cidade de Gorakhpur e as suas zonas periurbanas são famosas pelo risco frequente de inundações. Situada na planície de inundação da bacia inferior do rio Rapti, a cidade faz parte das planícies planas do médio Ganges. O estudo utilizou um SIG baseado em vectores e DEM para delinear os limites das bacias hidrográficas e prever as áreas de possível inundação durante um evento de cheias na cidade de Gorakhpur e arredores. Neste projeto, foram utilizadas imagens ASTER da área de estudo para gerar o DEM. O DEM gerado forneceu a representação do terreno e informações em termos da direção em que a água que entra numa área irá fluir. Através da utilização do HEC- GeoRAS e do TIN derivado do DEM, foram extraídas e utilizadas no HEC-RAS informações geométricas como a linha central do rio, as margens do rio, as linhas de corte da secção transversal e as áreas de armazenamento. A análise da frequência das cheias foi calculada com a ajuda do método Log Pearson Tipo III com dados de descarga média anual do sítio Birdghat GD na bacia inferior do rio Rapti. Foi efectuada uma análise de fluxo constante e a extensão da inundação foi então simulada com base nos parâmetros derivados e foram gerados diferentes cenários de picos de inundação utilizando períodos de retorno de 2, 25, 50 e 100 anos.

Palavras-chave: Mapeamento de inundações, HEC-RAS, HEC-GeoRAS, modelação hidrológica e hidráulica, planície de inundação, inundação urbana, Gorakhpur, bacia do rio Rapti.

Capítulo 1

1 INTRODUÇÃO

1.1. Visão geral

As inundações estão a tornar-se mais frequentes e generalizadas. Há uma maior recorrência de inundações de média e pequena dimensão, que resultam numa maior perda de vidas humanas nos países em desenvolvimento e em danos maciços de propriedades no mundo desenvolvido. Outros impactos das inundações estão também a aumentar de forma mais constante ao longo do tempo. Os factores que determinam o risco de inundação são o aumento da vulnerabilidade associado ao crescimento da população, o desenvolvimento económico, a urbanização, a pobreza, a falta de preparação, a alteração demográfica das populações, a manutenção deficiente das estruturas existentes e a construção improvisada, a conceção de edifícios sem ter em conta o risco de inundação, a sobrepopulação que conduz a um aumento dos resíduos sólidos e dos detritos das inundações e a dependência excessiva das defesas (Jha, 2011).

Recentemente, as inundações urbanas foram dissociadas das inundações ribeirinhas devido às suas caraterísticas de risco únicas. As inundações urbanas são significativamente diferentes das inundações rurais, uma vez que a urbanização conduz a bacias hidrográficas desenvolvidas que aumentam os picos de inundação de 1,8 a 8 vezes e os volumes de inundação até 6 vezes. Consequentemente, as inundações ocorrem muito rapidamente devido a tempos de escoamento mais rápidos, por vezes numa questão de minutos (NDMA, 2010). Além disso, as zonas urbanas são centros de actividades económicas diversificadas com infra-estruturas vitais que precisam de ser protegidas. Na maioria das cidades, os danos causados às infra-estruturas vitais têm consequências não só a nível local, mas também a nível mundial. As cidades são também densamente povoadas, com zonas vulneráveis e população. Assim, as inundações urbanas causam frequentemente miséria e dificuldades indescritíveis. Mesmo os efeitos em cascata e secundários de possíveis epidemias e a exposição a infecções têm um custo adicional em termos de perda de meios de subsistência, sofrimento humano e, em casos extremos, perda de vidas. Por conseguinte, a gestão das inundações urbanas tem de ser considerada uma prioridade máxima. É necessária uma abordagem multidisciplinar que envolva a hidrologia, o planeamento da utilização dos solos, a avaliação dos riscos, o financiamento dos riscos e os seguros para a redução e gestão dos riscos.

A tendência crescente de inundações urbanas está agora a tornar-se um fenómeno universal e representa um grande desafio para os urbanistas de todo o mundo. A maior parte dos estudos revelou que as inundações urbanas estão a aumentar a nível mundial e também no caso do sul da Ásia, incluindo a Índia. Os problemas associados às inundações urbanas vão desde incidentes relativamente localizados a incidentes de grandes dimensões, resultando em cidades inundadas durante algumas horas ou vários dias. Por conseguinte, o impacto pode também ser generalizado, incluindo a deslocação temporária de pessoas, danos em equipamentos cívicos, deterioração da qualidade da água e risco de epidemias.

O risco de inundação em centros urbanos pequenos e intermédios na Índia está relativamente inexplorado. Uma tentativa de efetuar um estudo deste tipo pode servir de base para uma avaliação e cartografia do risco de inundação urbana em áreas rapidamente urbanizadas em planícies aluviais. O objetivo deste estudo é desenvolver uma metodologia para estimar o nível de inundação, considerando Gorakhpur e o seu ambiente como um estudo de caso. O estudo estabeleceu uma relação entre o caudal projetado e o nível de inundação, recorrendo a técnicas de deteção remota e analisando simultaneamente os dados morfológicos e hidrológicos relevantes. Os resultados deste estudo têm uma aplicação direta na formulação de políticas de ordenamento do território e no equilíbrio futuro da urbanização através de medidas adequadas. Uma vez quantificados o nível e a extensão da inundação, será possível prever as tendências futuras das inundações, de modo a que possam ser tomadas medidas para fazer face à crescente procura de áreas residenciais e comerciais sem correr o risco de aumentar a intensidade e a extensão das inundações.

1.2. Bacias hidrográficas e inundações urbanas

Uma bacia hidrográfica é a região geográfica na qual a água é drenada para um riacho, rio, lago ou mar. A bacia hidrográfica pode ser composta por várias sub-bacias e bacias hidrográficas. A bacia hidrográfica é a área que drena as águas superficiais para um determinado local ou ponto de escoamento. As cidades têm fronteiras políticas e administrativas. No entanto, os processos de precipitação e escoamento superficial são independentes destes e dependem da delimitação da bacia hidrográfica. Assim, a bacia hidrográfica é a unidade adequada para o planeamento e conceção dos sistemas de drenagem de águas pluviais em todas as zonas urbanas. Tendo em conta a importância das bacias hidrográficas na gestão das inundações urbanas, a Autoridade Nacional de Gestão de Catástrofes (NDMA) defendeu alguns pontos de ação fundamentais, como se segue:

1. O Departamento Meteorológico da Índia (IMD) desenvolverá um protocolo para a subdivisão das zonas urbanas com base na bacia hidrográfica e emitirá previsões de precipitação com base na bacia hidrográfica,
2. A captação será a base para a conceção do sistema de drenagem de águas pluviais,
3. A bacia hidrográfica será a base de todas as acções de gestão de catástrofes de inundações urbanas.

1.3. Papel da deteção remota e do SIG

A gestão das inundações urbanas é um tema emergente que precisa de ser tratado de forma holística e multidisciplinar. Há muitas questões que devem ser consideradas a fim de desenvolver estratégias fiáveis, sustentáveis e mais representativas de gestão das inundações urbanas/catástrofes. Uma parte significativa deste quadro de gestão depende da utilização da ciência e da tecnologia para melhorar a monitorização, a modelação/previsão e os sistemas de apoio à decisão. Uma forma de melhorar a preparação para as inundações urbanas é a criação de um quadro geoespacial baseado na vulnerabilidade para gerar e analisar diferentes cenários. Isto ajudará a identificar e planear as acções mais eficazes/adequadas de uma forma dinâmica para incorporar as mudanças quotidianas que ocorrem nas zonas urbanas, com potencial para alterar o perfil de vulnerabilidade prevalecente. A este respeito, a deteção remota e o SIG têm um papel promissor a desempenhar, especialmente em questões de gestão do risco de inundações urbanas, envolvendo a análise da vulnerabilidade, a avaliação do risco e a cartografia do perigo, a avaliação dos danos e as opções de geração de dados, etc.

Desde há muito tempo que as técnicas de Deteção Remota (SR) e os Sistemas de Informação Geográfica (SIG) têm vindo a ganhar popularidade, tanto em organizações públicas como privadas, pela sua crescente capacidade de organização, manipulação, análise, tratamento e apresentação de informação de dados geográficos. O SIG, juntamente com a RS, provou ser uma ferramenta eficiente para análise, particularmente adequada para identificar zonas de risco de inundação e impactos de inundação em áreas inundadas.

As catástrofes naturais podem ser avaliadas e os planos de contingência e programas de mitigação podem ser preparados antes de um novo evento, através da tecnologia de Deteção Remota e SIG, utilizando imagens de satélite, extraindo os dados necessários e executando a análise de risco necessária. A Deteção Remota proporciona uma forma fiável e económica de recolha de dados no terreno, permitindo a cobertura contínua e em grande área de muitas variáveis. A principal vantagem da utilização do SIG para a gestão de inundações é o facto de não só gerar uma visualização das inundações, mas também criar potencial para analisar mais aprofundadamente estes eventos, a fim de estimar os danos prováveis devidos às inundações. Há razões para crer que o SIG tem uma função importante a desempenhar porque os riscos naturais são fenómenos multidimensionais, que têm uma componente espacial.

O SIG e a teledeteção permitem-nos determinar as caraterísticas da bacia hidrográfica e alterar facilmente as condições dos componentes do rio para qualquer dimensão da bacia. Também fornece uma indicação do que é provável que aconteça numa bacia hidrográfica durante e após uma cheia. Utilizando a definição geográfica das áreas expostas, é possível efetuar uma primeira avaliação dos danos potenciais. As técnicas de teledeteção e as aplicações SIG podem ser muito úteis para encontrar uma relação entre a urbanização e os caudais dos rios que podem conduzir a inundações. Uma vez quantificado o efeito da urbanização nos caudais dos rios, poderá ser possível prever a tendência futura.

1.4. Causas das inundações urbanas

As inundações urbanas envolvem tanto factores naturais como humanos. Os factores naturais incluem chuvas intensas, ausência de armazenamento natural, como lagos/poços, assoreamento, etc. As chuvas fortes concentram-se e fluem rapidamente através da área urbana pavimentada e são represadas em zonas baixas, aumentando o nível da água. A situação torna-se ainda mais devastadora quando um esgoto principal ou um rio que atravessa a zona transborda ou se rompe. Os lagos e lagoas podem armazenar o excesso de água e regular o fluxo de água. Quando os lagos se tornam mais pequenos devido à invasão, a sua capacidade de regular o fluxo diminui e, consequentemente, ocorrem inundações. Os esgotos que atravessam as zonas urbanas transportam grandes quantidades de sedimentos que se depositam nos cursos inferiores, tornando os leitos menos profundos e reduzindo assim a capacidade dos canais. Quando chove muito, estes esgotos assoreados não conseguem transportar a descarga total e resultam em inundações.

As causas humanas envolvem a pressão populacional, a desflorestação, a invasão dos colectores de águas pluviais, a urbanização, a má gestão da água e dos esgotos, etc. Devido à grande quantidade de pessoas, são necessários mais materiais, como madeira, terra, alimentos, etc. Este facto agrava o sobrepastoreio, o cultivo excessivo e a erosão dos solos, o que aumenta o risco de inundações. Grandes áreas de florestas perto dos rios/captações das cidades são utilizadas para dar lugar a povoações, estradas e terrenos agrícolas e estão a ser desmatadas, o que faz com que o solo se perca rapidamente para os esgotos. Isto eleva o leito dos esgotos, provocando transbordamentos e, por sua vez, inundações urbanas. As áreas que foram essencialmente criadas pelos sistemas de drenagem de águas pluviais para deixar passar livremente as suas águas de inundação, e que estão a ser espezinhadas para fins de desenvolvimento, resultam na obstrução do fluxo de água, contribuindo assim imensamente para a fúria das inundações. Outros factores incluem a falta de atenção à natureza do sistema hidrológico, a falta de medidas de controlo das cheias e a existência de várias autoridades numa cidade, sem que nenhuma delas assuma a responsabilidade.

1.5. Mapeamento da inundação

A cartografia da inundação é uma ferramenta importante para engenheiros, planeadores e agências governamentais utilizada para o planeamento do crescimento municipal e urbano, planos de ação de emergência, taxas de seguro contra inundações e estudos ecológicos. Para formular qualquer estratégia de gestão das inundações, o primeiro passo é identificar a área mais vulnerável às inundações. Para além disso, a cartografia das inundações é um pré-requisito para a avaliação dos riscos de inundação, a avaliação dos elementos em risco e da vulnerabilidade, a avaliação dos riscos multi-riscos e a visualização espacial dos riscos. Ao compreender a extensão das inundações e da inundação, os decisores podem fazer escolhas sobre a melhor forma de afetar recursos para se prepararem para emergências e, de um modo geral, melhorarem a qualidade de vida.

O Sistema de Análise de Rios do Centro de Engenharia Hidrológica (HEC-RAS) é um pacote de software adequado para o desenvolvimento de mapas de inundação para uma variedade de aplicações. Um modelo HEC-RAS pode ser utilizado para caudais estáveis e não estáveis e regimes de caudal sub e supercrítico. Com o seu utilitário complementar, o HEC-GeoRAS e o Arc GIS, a integração perfeita com o GIS facilita muito a construção da geometria do modelo e o pós-processamento dos resultados (Goodell e Warren). Este estudo apresenta um caso de estudo, abordando os passos efectuados para construir um modelo HEC-RAS e para resolver o resultado em mapas de inundação.

1.6. Justificação do estudo

Este estudo centrou-se na análise do risco de inundação em zonas urbanas próximas do leito de um rio. A área de estudo escolhida é a bacia inferior do rio Rapri e a sua bacia hidrográfica perto da cidade de Gorakhpur, que é uma área onde se regista uma forte urbanização. O principal objetivo deste estudo é determinar a vulnerabilidade das áreas urbanas no leito do rio em zonas de acordo com o padrão de utilização do solo. Para o efeito, foi utilizada a imagem LISS-IV do satélite IRS P-5 com uma resolução espacial de 5,8 m para extrair as zonas urbanas. A informação produzida a partir de dados de deteção remota é utilizada e as zonas vulneráveis são cartografadas por SIG com a ocupação do solo existente.

1.7. Objectivos

O objetivo deste estudo foi utilizar o HEC-RAS para produzir cobertura de inundação e perfis de velocidade para o rio Rapti na bacia hidrográfica inferior do Rapti. O foco principal do estudo é mapear a inundação e o zoneamento de risco de inundação de áreas urbanas em planícies de inundação usando a abordagem de modelagem de inundação com a ajuda de modelo hidráulico e GIS.

Os objectivos específicos são

- Gerar simulação de cheias e extensão de inundação em áreas urbanas durante diferentes períodos de retorno com o modelo hidráulico HEC-RAS e sua comparação com dados de campo.
- Identificar diferentes zonas de risco de inundação utilizando indicadores socioeconómicos selectivos.

1.8. Questões de investigação

O estudo tem por objetivo responder às seguintes questões

- Até que ponto a simulação de inundações e a extensão da cartografia de inundações podem ser estimadas com a integração de dados baseados em RS-GIS em dados hidrológicos?
- Que factores têm mais potencial para se tornarem uma área de paisagem urbana mais propensa ao risco de inundação na área de estudo?

1.9. Esboço da investigação

Todo o trabalho foi organizado em cinco capítulos. O primeiro capítulo tem um carácter introdutório, que define o âmbito do estudo, a natureza do problema, os objectivos do estudo e as questões de investigação relacionadas. O segundo capítulo trata da base de dados e da metodologia. No terceiro capítulo, é feita uma extensa revisão da literatura sobre diferentes tipos de investigação efectuada nos vários aspectos das inundações urbanas, bem como sobre a modelação hidrológica. No quarto capítulo, é feita uma breve análise da personalidade hidrogeográfica da área de estudo em termos físicos, económicos e culturais. Uma análise pormenorizada da modelação hidrológica e da geração de cenários e uma análise sistemática da utilização dos solos em diferentes condições de risco de inundação são avaliadas no quinto capítulo. O resumo e as observações finais são o âmbito do sexto capítulo.

Tabela 1.1: Factores que contribuem para as inundações urbanas

Factores meteorológicos	Factores hidrológicos	Factores humanos
• Precipitação • Tempestades ciclónicas • Tempestades de pequena escala • Temperatura • Queda de neve e degelo	• Nível de humidade do solo • Nível das águas subterrâneas antes da tempestade • Taxa de infiltração superficial natural • Presença de cobertura impermeável • Forma e rugosidade da secção transversal do canal • Presença ou ausência de fluxo sobre as margens, rede de canais • Sincronização dos escoamentos de várias partes da bacia hidrográfica • Maré alta que impede o escoamento	• As alterações da utilização do solo (por exemplo, impermeabilização da superfície devido à urbanização, desflorestação) aumentam o escoamento superficial e a sedimentação • Ocupação da planície de inundação e consequente obstrução dos caudais • Ineficiência ou não manutenção das infra-estruturas • A drenagem demasiado eficaz das zonas a montante aumenta os picos de cheia • Efeitos das alterações climáticas, magnitude e frequência da precipitação e das inundações • O microclima urbano pode reforçar os fenómenos de precipitação • Descarga súbita de água de barragens situadas a montante de cidades e vilas* • Não libertação da água das barragens, resultando num efeito de remanso* • Eliminação indiscriminada de resíduos sólidos *

*Fonte: Adaptado de Urban Food Risk Management: A Tool for Integrated Flood Management, documento da AFPM, GWP e WMO, 2008; posteriormente modificado pela NDMA, 2010. * São acrescentados mais três factores humanos no contexto indiano.*

Capítulo 2

2 REVISÃO DA LITERATURA

2.1 Introdução

Neste documento, é feita uma revisão da literatura relativa a três tópicos principais: problemas generalizados de cheias urbanas na Índia, modelação de cheias urbanas e modelação hidráulica HEC-RAS. Na Secção 2.2 são apresentados diferentes problemas e aspectos das inundações urbanas na Índia, juntamente com estudos de caso. Os diferentes modelos hidráulicos utilizados nas inundações são apresentados na Secção 2.3 e, especificamente, os modelos hidráulicos HE-RAS e HEC-Geo RAS são apresentados na Secção 2.4 com estudos de caso relevantes.

2.2 Risco de inundações urbanas na Índia

Na última década, tem-se verificado uma tendência crescente de catástrofes de inundações urbanas na Índia, tendo as principais cidades do país sido gravemente afectadas. As mais notáveis são Hyderabad em 2000, Ahmedabad em 2001, Deli em 2002 e 2003, Chennai em 2004, Mumbai em 2005, Surat em 2006, Calcutá em 2007, Jamshedpur em 2008, Deli em 2009 e Guwahati e Deli em 2010. Todas as tipologias de cidades (costeiras, planícies, montanhas e/ou pequenas, médias ou grandes) são propensas a riscos de inundação.

Uma caraterística especial da Índia é o facto de ter chuvas fortes durante as monções. Há também outros sistemas meteorológicos que trazem muita chuva. As tempestades podem também afetar as cidades costeiras. A libertação súbita ou a não libertação de água das barragens também pode ter um impacto grave. Além disso, o efeito de ilha de calor urbana resultou num aumento da precipitação nas zonas urbanas. As alterações climáticas globais estão a resultar na alteração dos padrões meteorológicos e no aumento dos episódios de precipitação de alta intensidade que ocorrem em períodos de tempo mais curtos. Por outro lado, a ameaça da subida do nível do mar também está a ser grande, ameaçando todas as cidades costeiras. As cidades situadas na costa, nas margens dos rios, a montante e a jusante das barragens, as cidades do interior e as zonas montanhosas podem ser afectadas (NDMA, 2010).

A investigação sobre as inundações urbanas na Índia é recente. A maioria dos trabalhos trata de questões relacionadas com as inundações urbanas. A Autoridade Nacional de Gestão de Catástrofes (NDMA, 2010), no seu primeiro relatório, identificou quatro questões cruciais das inundações urbanas na Índia. Entre as cidades importantes da Índia, a precipitação média anual varia entre 2932 mm em Goa e 2401 mm em Bombaim, na parte superior, e 669 mm em Jaipur, na parte inferior. O padrão de precipitação e a duração temporal são quase semelhantes em todas estas cidades, que recebem a precipitação máxima das monções do sudoeste. Em segundo lugar, no passado, os sistemas de drenagem de águas pluviais foram concebidos para uma intensidade de precipitação de 12 a 20 mm. Estas capacidades têm sido facilmente ultrapassadas sempre que se regista uma precipitação de maior intensidade. Além disso, os sistemas muitas vezes não funcionam de acordo com as capacidades projectadas devido a uma manutenção muito deficiente.

As invasões são também um problema grave em muitas cidades e vilas. As habitações começaram a crescer nas cidades e vilas ao longo dos rios e cursos de água.

Como resultado, o fluxo de água aumentou proporcionalmente à urbanização das bacias hidrográficas. Idealmente, as drenagens naturais deveriam ter sido alargadas para acolher os maiores caudais de águas pluviais. Mas, pelo contrário, tem havido invasões em grande escala das drenagens naturais e das planícies de inundação dos rios. Consequentemente, a capacidade dos drenos naturais diminuiu, resultando em inundações.

A eliminação incorrecta de resíduos sólidos, incluindo resíduos domésticos, comerciais e industriais, e o despejo de detritos de construção nos esgotos também contribuem significativamente para reduzir as suas capacidades. É imperativo tomar melhores medidas de operação e manutenção.

A. K. Jha, R. Bloch e J. Lamond (2012), em associação com o Banco Mundial, prepararam diretrizes para a gestão integrada do risco de inundações urbanas. Observaram que as inundações urbanas representam um sério desafio para o desenvolvimento e a vida das pessoas, em particular dos residentes das cidades em rápida expansão nos países em desenvolvimento. O seu trabalho fornece assistência operacional prospetiva aos decisores políticos e especialistas técnicos nas cidades em rápida expansão do mundo em desenvolvimento sobre a melhor forma de gerir o risco de inundações. Adopta uma abordagem estratégica, na qual as medidas adequadas de gestão do risco são avaliadas, selecionadas e integradas num processo que informa e envolve toda a gama de partes interessadas.

No caso da área metropolitana de Chennai, Gupta e Nair (2011) observaram que, meteorologicamente, não há uma grande tendência de subida ou descida da precipitação durante 200 anos, e há uma diminuição da precipitação média nos últimos 20 anos, mas há um registo contrastante de inundações crescentes em Chennai. Identificaram como causas do aumento das inundações i) a expansão urbana descontrolada e a perda de drenagem natural, ii) o aumento das superfícies impermeáveis. Pavimentação de bermas de estradas, parques e áreas abertas, causando a gravidade das inundações e as condições que se seguem à seca, iii) Inadequação do sistema de drenagem de águas pluviais e falta de manutenção, iv) Falta de coordenação entre agências. Falta de uma agência unificada de controlo das inundações que integre as funções da Corporação, da Autoridade para o Desenvolvimento, do Departamento de Obras Públicas, do Conselho de Limpeza de Bairros, do Conselho de Habitação, etc. No caso de Bangalore, a invasão de zonas húmidas, planícies aluviais, etc., está a causar a obstrução das vias de inundação e a perda de armazenamento natural das cheias em Bangalore. Os lagos da cidade foram em grande parte invadidos para a construção de infra-estruturas urbanas, assentamentos não planeados com drenagem deficiente e aumento das áreas construídas.

De, Singh e Rase (2013) estudaram os recentes fenómenos de inundação em quatro megacidades em rápida expansão: Deli, Calcutá, Mumbai e Chennai. Para estudar as inundações urbanas, foram utilizados dados diários de precipitação de dois observatórios em cada uma das megacidades (1970-2006). Também foram utilizados dados de eventos climáticos desastrosos publicados pelo Departamento Meteorológico da Índia. A sua variação espacial, frequência e tendências foram calculadas e discutidas. O estudo revela o impacto das inundações urbanas, que provocam a morte de pessoas, em cada cidade, tendo em conta os diferentes aspectos geográficos e climáticos.

O estudo de caso efectuado por R.B. Singh e S. Singh (2011) sobre a cidade de Noida prova que a rápida urbanização resultou em perdas de terras agrícolas, florestas e arbustos desde 1995, uma vez que mais de 36% das florestas e arbustos foram destruídos.

22% das zonas arbustivas foram transformadas em terrenos agrícolas e povoações. A alteração do estado hidrológico prejudicou a capacidade de proteção contra as cheias do rio. Para além dos processos naturais, as actividades humanas, impulsionadas pelas transformações socioeconómicas, são consideradas o principal fator de aumento dos riscos de inundação.

2.3 Modelação em inundações urbanas

A modelação das inundações urbanas da cidade de Dhaka por Apirumanekul e Mark (2001) utilizou uma abordagem combinada de modelação de base física e SIG. A drenagem urbana é estruturada pelo MOUSE com base em duas redes, uma que simula o escoamento à superfície livre sobre as ruas e outra para o sistema de condutas de esgotos.

Diaz-Nieto, Blanksby, Lerner e Saul (2008) observaram que a reabilitação urbana pode ser explorada para desenvolver a capacidade de gerir o risco de inundações pluviais à superfície através da alteração do volume e da localização do armazenamento, das trajectórias de escoamento e da produção de águas superficiais. Os decisores necessitam de ferramentas simples para explorar uma gama de cenários de reconversão para o seu impacto nas inundações pluviais. Este documento apresenta um modelo SIG de balanço hídrico urbano de superfície que foi construído utilizando o construtor de modelos ESRI. O modelo baseia-se na análise de sumidouros de superfície utilizando dados Lidar e na simulação da acumulação de águas superficiais em excesso com base em bacias de sumidouros aninhadas. O modelo de balanço hídrico urbano de superfície fornece uma metodologia simples para efetuar uma avaliação rápida dos sumidouros que estão cheios sob determinados excessos de águas superficiais e são potencialmente inundáveis, ou que são áreas críticas de armazenamento na bacia hidrográfica.

Foi desenvolvida uma metodologia para a previsão, planeamento e gestão das inundações com a ajuda de mapas de risco de inundação para diferentes períodos de retorno (25, 50 e 100 anos). Foi avaliada a população e as vulnerabilidades físicas da área mais baixa sujeita a inundações a jusante do vale de Al Kharj (Arábia Saudita). Foi utilizado um modelo calibrado de precipitação - escoamento para as sub-bacias com base no HEC-HMS para prever o escoamento para precipitações com períodos de retorno de 25, 50 e 100 anos.

Sanyal e Lu (2004) A tecnologia de teledeteção, juntamente com o sistema de informação geográfica (SIG), tornou-se, nos últimos anos, o principal instrumento de monitorização das inundações. O desenvolvimento neste domínio evoluiu da teledeteção ótica para a teledeteção por radar, que proporcionou uma capacidade para todas as condições meteorológicas, em comparação com os sensores ópticos, para efeitos de cartografia das inundações. O foco central neste domínio gira em torno da delineação de zonas de inundação e da preparação de mapas de risco de inundação para as áreas vulneráveis. Neste exercício, a profundidade da inundação é considerada crucial para a cartografia do risco de inundação e um modelo digital de elevação (DEM) é considerado o meio mais eficaz para estimar a profundidade da inundação a partir de dados hidrológicos ou de deteção remota. Num terreno plano, a exatidão da estimativa das cheias depende principalmente da resolução do DEM. As inundações fluviais nos países em desenvolvimento da Ásia das monções são muito graves devido à sua forte dependência da agricultura, mas qualquer tentativa de estimativa de inundações ou de cartografia de riscos nesta região é prejudicada pela fraca disponibilidade de DEM de alta resolução. Este documento apresenta uma análise da aplicação da teledeteção e do SIG na gestão das inundações, com especial incidência nos países em desenvolvimento da Ásia.

Taubenb "ock, et all (2011) estudaram a análise de risco espacial utilizando amostras de eventos de inundação passados para a cidade de Gorakhpur, na Índia. Estudaram os eventos de inundação para os anos de 1998 e 2007 utilizando dados MODIS para analisar a extensão espacial das áreas afectadas pelas inundações. O mapa das áreas afectadas pelas cheias foi sobreposto ao mapa de utilização dos solos da LRRB derivado de imagens de deteção remota para mostrar visualmente e quantificar o impacto espacial passado nas diferentes classes de utilização dos solos das cheias de 1998 e 2007. Revelou que mais de 46% das povoações urbanas ficaram submersas e cerca de 2500 km2 de terrenos agrícolas foram destruídos nas cheias de 1998, ao passo que a cheia de 2007 na LRRB foi uma cheia recorde que afectou quase todas as partes da bacia e partes importantes da cidade de Gorakhpur. 40,68 km^2 dos 67,75 km^2 da área urbana total estiveram sob as águas das cheias durante alguns dias.

2.4 Modelação hidráulica HEC-RAS

A.C. Cook (2008) comparou o efeito dos dados topográficos, da configuração geométrica (espaçamento das secções transversais, resolução da malha de elementos finitos) e da utilização de modelos hidrodinâmicos unidimensionais e bidimensionais no processo de cartografia das inundações. Os resultados deste estudo mostram que a extensão da inundação aumenta à medida que a resolução do DEM diminui, tanto para o modelo unidimensional como para o bidimensional. Os resultados também mostram que o aumento do número de secções transversais numa simulação unidimensional aumenta geralmente a extensão da inundação, exceto perto de diques, onde os resultados são complexos, e que as modificações das secções transversais alteram mais os DEM de alta resolução do que os DEM de baixa resolução. Em geral, o FESWMS prevê uma maior extensão de inundação para os DEM de maior resolução, enquanto o HEC-RAS prevê uma extensão de inundação maior ou semelhante para os DEMS de menor resolução. O aumento do número de secções transversais para os DEM de maior resolução produz uma extensão de inundação mais semelhante à do modelo bidimensional.

B. E. Daniel, J.V.Camp, E. J. LeBoeuf, J. R. Penrod, J. P. Dobbins e M. D. Abkowitz (2011) fizeram uma análise comparativa das tecnologias actuais e das questões relacionadas com a modelação hidrológica à escala da bacia hidrográfica. Apresentaram discussões pormenorizadas de modelos de bacias hidrográficas individuais e sistemas de modelação com as suas caraterísticas, limitações e exemplos de aplicações para demonstrar a grande variedade de sistemas atualmente disponíveis para a gestão de bacias hidrográficas a várias escalas. Observaram que o HEC-1/HEC-

HMS é adequado para bacias hidrográficas urbanas, sendo amplamente utilizado para modelação de cheias e dos impactos das alterações do uso do solo. Para além disso, o HEC-1/HEC- HMS e o HEC-RAS são amplamente utilizados/compatíveis com o Watershed Information System (WISE) e o Watershed Modelling System (WMS).

No seu estudo, Vijayalakshmi e Jinesh Babu (2011) apresentam a metodologia que incorpora tecnologias avançadas para análises hidrológicas e hidráulicas que são necessárias para prever as elevações da superfície da água das cheias em qualquer bacia hidrográfica não coberta por uma rede de drenagem. A cartografia das planícies aluviais requer análises hidrológicas e hidráulicas. No caso das bacias hidrográficas não cobertas por lagos, a modelação do escoamento pluvial é inevitável e pode ser eficazmente efectuada com o HEC-HMS. Como a bacia hidrográfica possui uma variação espacial e temporal drástica, o SIG tornou-se uma ferramenta importante para a modelação da planície de inundação. O HEC-GeoRAS é um pacote ideal que pode mapear as áreas de planície de inundação e a elevação da superfície da água de inundação para várias tempestades de projeto com diferentes períodos de retorno.

Amrutkar (2013) trabalhou no rio Somb (Himachal Pradesh), uma sub-bacia do rio Yamuna. Preparou mapas de extensão de cheias que revelaram a quantidade e a extensão do uso do solo afetado. Com a ajuda do software de modelação hidrológica HEC-RAS e HEC- GeoRAS, o estudo observou que a maior parte das zonas situadas perto da planície de inundação do rio estão gravemente ameaçadas por inundações repentinas para cada período de retorno - 5 anos, 10 anos, 25 anos, 50 anos e 100 anos.

Sarker e Sivertun (2011), no seu estudo, analisaram diferentes critérios que têm um impacto potencial na quantidade de devastação, tais como a elevação das áreas, a profundidade da inundação, a densidade de construção, a inclinação do terreno, o tipo de solo, os tipos de utilização da terra, etc. Com base na análise de diferentes factores, os resultados são visualizados com a ajuda de técnicas de apresentação e disseminação de SIG e RS. Além disso, são também discutidos os impactos dos diferentes factores nas próprias inundações. Por fim, foi preparado um mapa de previsão de inundações para a Dhaka City Corporation (DCC) no Bangladesh, utilizando o método de avaliação multi-critério (MCE), com especial incidência nos diferentes critérios que influenciam as inundações na cidade de Dhaka.

Hasan (2012) utilizou o modelo HEC-RAS para estimar o pico de cheia e a extensão da inundação do delta do rio Mahanadi. Com a ajuda da abordagem de modelação, desenvolveu uma ferramenta baseada em python para a análise da frequência de inundações e dos picos de inundação dos períodos de retorno de 5, 10, 25, 50 e 100 anos. O estudo comparou ainda a área de inundação baseada no SAR e a área de inundação baseada no modelo, tendo constatado um erro percentual de 3,96. Os mapas de inundação também foram gerados para diferentes cenários de picos de inundação.

Capítulo 3

3 ÁREA DE ESTUDO

3.1 Introdução

O rio Rapti corre na região de monção sub-húmida a húmida da planície do médio Ganges. É o maior afluente do rio Ghaghra que, por sua vez, é um dos principais constituintes do Ganges. A bacia hidrográfica do rio Rapti estende-se de 26° 18' 00" N a 28°33'06" N e de 81°33'00 E a 83°45'06" E e cobre uma área de 25793 km^2 , dos quais 44 % (11380 km2) se situam no Nepal e 58 % (14413 km2) no Uttar Pradesh oriental. O rio Rapti atravessa os distritos de Rukum, Salyan, Rolpa, Gurmi, Arghakhanchi, Dang e Banke, no território do Nepal, e os distritos de Bahraich, Shrawasti, Balrampur, Siddharthnagar, Santkabirnagar, Gorakhpur e Deoria, no leste do Uttar Pradesh. Nasce a uma altitude de 3048 m na cordilheira Dregaunra do Nepal Siwalik e percorre uma distância total de 782 km (dos quais 331 km no Nepal) antes de se juntar ao Ghaghara em Barhaj, no distrito de Deoria, no leste do Uttar Pradesh. O rio Rapti é alimentado por numerosos afluentes e tributários. Os da margem norte ou esquerda são originários da região de Siwalik e Bhabar. Os que se encontram a sul representam apenas os antigos leitos do rio. Os afluentes importantes da margem esquerda do Rapti são Burhi Rapti, Ghonghi, Kain e Rohin. A bacia é constituída geologicamente por duas porções distintas: estruturalmente, é um segmento da grande calha indo-gangética e tem também uma porção marginal da região do sopé dos Himalaias do siwalik. A parte do vale indo-gangético é inteiramente constituída por aluviões, uma composição de areia, silte e argila em proporções variáveis. No que respeita à sua idade geológica, estes depósitos correspondem a duas divisões principais da era quaternária: o pleistoceno e o recente. As aluviões dividem-se em dois grandes grupos: as aluviões mais antigas, conhecidas por "Bhangar", cuja idade é estimada em meados do pleistoceno, e as aluviões mais recentes (Khadar), que são mais recentes e estão a ser formadas pelo trabalho de aggradação dos rios. Descobertas recentes da crono-associação das áreas dos megafans de Gandak revelaram que a aluvião da antiga planície de Rapti (Burhi Rapti) é de 5000 antes do presente (b.p) e a de Rapti é de mais de 500 b.p. (Mohindra, Prakash e Prasad, 1992, p.651)

3.2 Drenagem

O declive geral da região rege geralmente o padrão de drenagem, que é de noroeste para sudeste. O padrão de drenagem é dendrítico em geral e as caraterísticas gerais disponíveis em toda a bacia revelam que os rios se encontram em ângulos agudos e vários afluentes formam linhas paralelas ou sub-paralelas ao curso principal.

Figura 3.1 Área de estudo: Bacia do rio Rapti e cidade de Gorakhpur e seus arredores.

A densidade de drenagem da bacia é de 200 m/km^2 . O rio Rapti nasce nos Himalaias Siwalik do Nepal, a uma altitude de 3600m. Depois de percorrer 152 km através do Nepal, entra no leste do Uttar Pradesh, em Chanda Pargana, a leste da aldeia de Kundwa, no distrito de Bahraich (District Gazetteers, Bahraich, 1988). Corre num curso muito sinuoso com pouca profundidade e provoca grandes inundações nos distritos do Uttar Pradesh oriental. Atravessa os distritos de Bahraich, Balrampur, Sarawasti, Basti e Gorakhpur e junta-se ao Ghaghara na sua margem esquerda, perto da cidade de Barhaj, no distrito de Deoria. O comprimento total do rio é de 566 km (Mapa 3.1 e Quadro 3.1). O rio Rapti é um rio alimentado pelo sopé das montanhas. Recebe uma enorme quantidade de sedimentos dos contrafortes e também da planície e uma grande proporção é re-depositada na planície após retrabalhamento local (Jain e Sinha 2003). Algumas caraterísticas hidrológicas são apresentadas no Quadro 3.1.

3.3 Clima

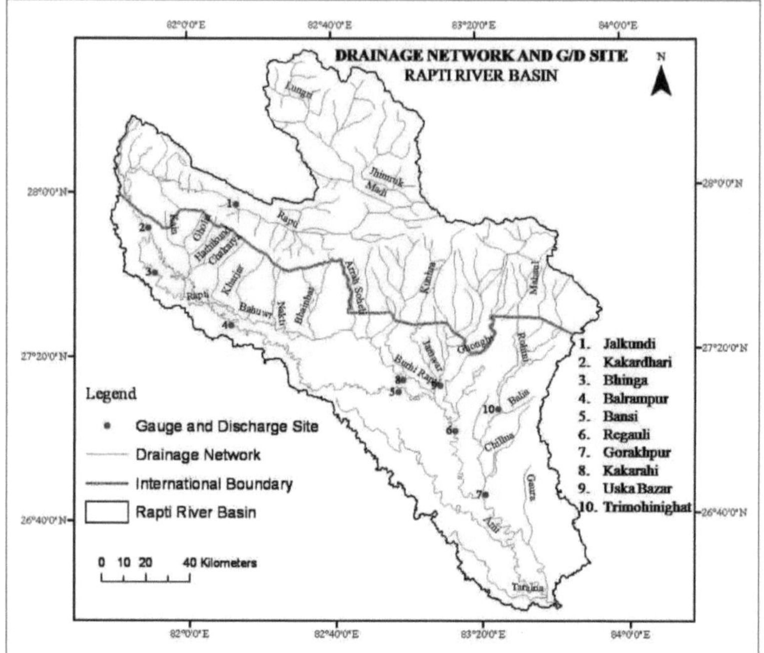

Figura 3.2Rede de drenagem e locais G/D

A precipitação anual normal nesta bacia varia entre 100 cm. e 120 cm. nas partes inferiores e acima de 160 cm. nas partes superiores. A média mais elevada é registada no mês de julho contra a frequência mais baixa de ocorrência (média) durante o mês de setembro. A quantidade de precipitação causada por uma tempestade ciclónica nesta bacia tem variado entre 10 cm. num dia, como mínimo, e 45 cm. em dois dias, como máximo. A intensidade da precipitação é marcada por tempestades ciclónicas principalmente na estação das monções.

A bacia do Rapti é marcada pela predominância de povoações rurais. Gorakhpur, Barhalganj, Balrampur, Anand Nagar, Bansi e Uttraula são algumas das principais localidades urbanas. A agricultura é o principal meio de subsistência dos habitantes da bacia.

3.4 A cidade de Gorakhpur e os seus arredores

Gorakhpur é uma cidade situada ao longo das margens do rio Rapti, na parte oriental do estado de Uttar Pradesh, na Índia, perto da fronteira com o Nepal. É uma das cidades mais importantes do leste do Uttar Pradesh, situada na zona fértil da planície de Saryupar, a subdivisão da planície média de Ganga. É a sede administrativa do distrito de Gorakhpur e da divisão de Gorakhpur. A cidade de Gorakhpur é um bom exemplo de uma área urbana em rápido crescimento. A cidade está situada na parte central do distrito de Gorakhpur, entre 83^0 20'E e 83^0 25'E e 26^0 42'N e 26^0 47'N, com uma altitude média de 84 m. O Chillua Tal e a floresta de Bangain delimitam a fronteira norte da cidade, enquanto o rio Rapti e Rohini Nadi formam a sua fronteira oeste. A sul, sudeste e leste, o Rapti khaddar, a floresta reservada de Ramgarh (popularmente conhecida como selva de Kusmhi) e a floresta reservada de Tilkonia limitam o crescimento da cidade, respetivamente. A parte central da cidade é uma área construída densa convencional, que foi convertida principalmente para uso comercial, formando o distrito comercial central (CBD) da cidade. O padrão rodoviário da cidade é radial, com seis corredores de transporte principais que partem do centro da cidade.

Estas estradas radiais servem o tráfego inter-cidades e intra-cidades. A autoestrada nacional n.º. 28 liga a cidade a Lucknow, a capital do estado, e ramifica-se para sudoeste para ligar à cidade de Varanasi, formando a autoestrada nacional n.º 29. 29. A linha de caminho de ferro do nordeste (bitola métrica) passa pelo meio da cidade.

Quadro 3.1: Caraterísticas hidrológicas do rio Rapti.

Sl.no.	Parâmetros hidrológicos	Caraterísticas
1.	Tipo de rio	Colina de pé alimentada
2.	Área total da bacia (km2)	25793
3.	Carga sedimentar média (mt/ano)	15.6*
4.	Produção de sedimentos (103t/ano/km2)	0.78*
5.	Av. Precipitação anual nos alcances superiores (cm)	170**
6.	Av. Precipitação anual nos troços inferiores (cm)	110**
7.	Perímetro da bacia do Rapti (Km)	1224
8.	Diâmetro da bacia (Km)	294
9.	Comprimento total do rio (Km)	3965
10.	Fator de forma	0.55
11.	Coeficiente de compacidade	4.16

12.	Densidade de drenagem	0,2 km/Km2

Fonte:* Jain e Sinha, 2003 e **Yadav, 1999.

3.4.1 Unidades administrativas

A cidade de Gorakhpur está dividida em vários bairros e mohallas. Com a expansão da cidade, o número de wards e mohallahs aumentou subsequentemente. O número de bairros aumentou de quinze em 1961 para sessenta em 1995. A área da cidade era de 38,85 km2. A cidade obteve o estatuto de corporação em 1982 e, subsequentemente, 47 aldeias foram incorporadas nos limites da cidade e, de repente, a área da corporação atingiu 138,85 km2 (Tyagi, 2012). Atualmente, a cidade foi redemarcada em setenta bairros e o número total de mohallahs é de 161. O estatuto da entidade local é o de Nagar Nigam. A Autoridade para o Desenvolvimento de Gorakhpur (GIDA) colabora no planeamento e execução da futura expansão da cidade.

3.4.2 Topografia

A cidade desenvolveu-se nas planícies aluviais do rio Rapti e dos seus afluentes. O terreno é completamente plano e marcado por algumas depressões sob a forma de lagoas, tals e zonas alagadas. A região do tarai é uma unidade geomórfica caracterizada por um lençol freático elevado. Uma observação atenta do mapa topográfico (folha topográfica) revela que o declive geral da cidade é de norte para sul e de este para oeste. A parte norte da cidade é marcada pela maior elevação de 84m. A curva de nível de 80 m passa pela parte noroeste da cidade. A parte ocidental da cidade é mais baixa do que o nível de inundação mais baixo (74,40 m) do rio Rapti. Muitos locais nesta zona têm uma altura inferior a 75 metros (Tyagi, 2002). A cidade e a sua envolvente estão salpicadas de várias depressões conhecidas localmente como "Tal". Ramgarh *Tal* é a maior de todas.

Supõe-se que a sua origem se deve aos meandros dos rios e aos consequentes lagos de arcos de boi. A parte central sul da cidade tem uma altura de 77,3 m. A parte sul da cidade é a zona baixa, com uma elevação inferior a 75 metros. Ramgarh *tal* está situado nesta zona. A maior parte da cidade e os seus arredores estão repletos de depressões, que permanecem alagadas durante a estação das chuvas.

3.4.3 Clima

O clima da cidade e do seu ambiente é caracterizado por um verão longo e quente, de março a meados de junho, uma estação chuvosa prolongada, de meados de junho a outubro, e um tempo frio, de outubro a março. A maior parte da precipitação (quase 90) por cento da precipitação anual é recebida apenas num curto período de quatro meses, ou seja, de meados de junho a meados de setembro. Considerando todos os elementos meteorológicos em conjunto e as variações na sua incidência, o ano divide-se em três estações distintas: a estação das chuvas, de meados de junho a outubro, a estação do frio, de novembro a fevereiro, e a estação do calor, de março a meados de junho.

3.4.4 Densidade populacional

A densidade populacional da cidade era de 46 pessoas por hectare em 1961 e atingiu 79 pessoas por hectare em 1971. No entanto, desceu para 37 pessoas por hectare em 1991. A razão para tal é que, entre 1961 e 1981, não se registou qualquer alteração na área da cidade, mas em 1982 foram incluídas cerca de 47 novas aldeias na cidade. Assim, de repente, a área da cidade aumentou significativamente, reduzindo assim a densidade populacional do ano de 1991 para 37 pessoas por hectare.

Tabela 3.2: Comprimento* dos principais rios do rio Rapti Bacia

SI. Não.	Nome do rio	Comprimento (em km)	SI. Não.	Nome do rio	Comprimento (em km)
1	Jhirmuk	81	16	Soheli	35
2	Lungri	35	17	Banganga	77
3	Madi	86	18	Burhi Rapti	95
4	Bakla	41	19	Banganga	77
5	Kain	51	20	Kunhra	66
6	Bhawa	21	21	Ghonghi	99
7	Gholia	23	22	Rohini	125
8	Dangmara	30	23	Mahaul	51
9	Hathikund	20	24	Piyas	72
10	Chakaiya	40	25	Balia	18
11	Pera	13	26	Chillua	44

12	Kharjar	39	27	Gaura	72
13	Bahuwr	85	28	Ami	147
14	Nakti	33	29	Taraina	67
15	Bhainbar	46	30	Rapti	566

** O comprimento dos rios é calculado através do software Arc Map 10.1.*

3.5 História das inundações

As cheias regulares em geral e as cheias sem precedentes em zonas conhecidas são caraterísticas comuns da bacia do rio Rapti. Todos os anos, as cheias devastadoras deixam inundados vários lakh hectares de terras agrícolas e muitas aldeias ficam desalojadas ou são arrastadas pelas águas. As inundações foram em grande parte causadas pelo rio Rapti e pelo Ghaghara, para além de outros sistemas fluviais menores como o Rohin, o Ami, o Burhi Rapti, o Ghonghi, o Kain, o Bhakla e o Taraina. As chuvas intensas acompanhadas de rupturas de diques, rupturas feitas pelo homem para permitir a libertação do excesso de água em alguns locais, juntamente com a migração do canal principal em alguns locais, são as principais causas de inundações devastadoras. A história registada de inundações na bacia remonta ao século XIX d.C. A literatura disponível sobre inundações passadas indica que a bacia testemunhou inundações maciças uma ou duas vezes em cada 50 anos (Quadro 3.3).

A história das inundações registadas na bacia do rio Rapti remonta a 1823, quando uma subida repentina do Ghaghara reteve a água do Rapti e do Ami. A cidade de Gorakhpur transformou-se numa ilha rodeada pelas águas das cheias. Também se registaram cheias de grande magnitude na bacia em 1839, 1871 e 1873 (District Gazetteer, 1909. p.5). Registaram-se cheias devastadoras em 1889 e 1892. Em 4 de agosto de 1889, a bacia inferior do Rapti sofreu muito com as cheias quando o principal rio Rapti subiu até 77 metros acima do nível do mar perto de Sahajanwa e Rohin até 84 metros perto da ponte de Chiluatal.

Na primeira década do século XX, registaram-se novamente inundações em 1903, 1906 e 1910. Em 1903, registou-se uma inundação repentina em que o nível das águas do Rapti e do Rohin subiu até 83 metros acima do nível do mar. Em 1906 e 1910, registaram-se inundações devastadoras devido a chuvas fortes e concentradas nas zonas de captação da bacia superior do Rapti. No início dos anos 30, registou-se outra série de inundações de grande magnitude em 1922, 1924, 1925, 1927, 1928, 1929, 1930 e 1932.

No período pós-independência, os registos históricos revelam que a bacia do Rapti foi assolada por inundações regulares entre 1953 e 1961. A situação piorou definitivamente nos anos setenta e oitenta, quando se registaram inundações de várias magnitudes em algumas partes do Rapti em 1967, 1968, 1970, 1971, 1973 e 1974. No entanto, as cheias de 1974 foram as mais graves desde 1889.

No ano seguinte, em 1993, os estragos causados pelas cheias foram particularmente assustadores. Devido ao aumento constante do nível das águas dos rios Rapti, Ami, Rohin, Ghaghara e Kuwano, registaram-se grandes inundações na bacia.

A bacia registou inundações anormalmente elevadas em 1998, quando a maioria dos rios, nomeadamente Ghaghara, Rapti e os seus numerosos afluentes, nomeadamente Rohin, Pyas, Taraina, Ami, Gorra e Kuwano, ultrapassaram o nível de perigo. Este facto causou danos sem precedentes em propriedades e vidas. A rutura de diques e o congestionamento das redes de drenagem perturbaram a vida normal durante vários dias. As cheias têm continuado a visitar a bacia ano após ano, embora com intensidade variável. Mesmo com uma precipitação boa e bem distribuída, registaram-se inundações de intensidade média a elevada, como em 1999, 2000 e 2001.

Tabela 0.3: Caraterísticas das cheias históricas na bacia inferior do rio Rapti

N.º de identificação	Tempo Período	N.º de Gravado Inundações/anos	Caraterísticas
1	1800-1850	02	- Inundações graves em 1823 e 1839 • Os danos máximos em Ghaghara-Rapti Doab foram causados pelas cheias de 1823 • As inundações do ano de 1839 deveram-se à subida repentina do nível das águas dos rios Ghaghara, Rapti e Ami, tendo a cidade de Gorakhpur ficado como uma ilha
2	1850-1900	04 1871, 1873, 1889, 1892	• As cheias de 1873 causaram danos máximos nas terras agrícolas e nas povoações • As cheias de 1892 registaram o máximo de inundações e infligiram grandes perdas à zona urbana de Gorakhpur
3	1900-1950	11 1903, 1906, 1910, 1922, 1924,1925, 1927, 1928,	• As cheias repentinas de 1903 causaram danos máximos em Rapti-Rohin Doab, • Em 1906, a bacia registou a maior cheia dos últimos 50 anos, • A inundação e os danos máximos foram causados por falhas nos aterros, • Inundações devidas a chuvas contínuas e fortes • A água das cheias estagnou durante um longo período de tempo, causando imensas dificuldades ao pastoreio do gado, • Danos máximos nas culturas e destruição total de algumas aldeias situadas nas margens do rio

		1929, 1930, 1932	- A bacia registou inundações contínuas de 1927 a 1932 nos rios Ami e Rapti, que inundaram as zonas de kachhar de Sadar e Bansgaon tehsil
4	1950-2000	19	• Inundações graves em 1974 e 1998, • As cheias de 1974 ultrapassaram os primeiros registos, em que a subida simultânea do nível das águas dos principais rios, como o Rapti, Rohin, Ami, Mohab, Ghonghi, Bafela, Basmania, Pyas, Dudhi, Chandan e Burhi Gandak, causou estragos em toda a parte oriental do Uttar Pradesh, • Cerca de 27913 hectares de terra foram inundados, afectando 1390 aldeias, • A população total afetada pelas inundações foi estimada em 6,31,045 • Cerca de 17 diques foram rompidos • As inundações de 1998 foram causadas por fortes chuvas em julho (910.045mm) e agosto (9949.100mm) • Registaram-se dois picos: a primeira fase de inundação registada em 22 de julho de 1998 e a segunda fase em 20 de agosto de 1998. • Os diques não conseguiram suportar a pressão da água e romperam-se em 20 locais, afectando assim 1414790 populações de 1594 aldeias do distrito de Gorakhpur. • O total das áreas inundadas foi de 171316 hectares, dos quais 92 804 hectares eram áreas líquidas semeadas.

Capítulo 4

4 BASE DE DADOS E METODOLOGIA

4.1. Base de dados utilizada

Neste estudo são utilizados tanto dados primários como secundários. Os dados primários relacionados com a verificação da verdade no terreno, a utilização e a ocupação do solo e outros atributos de localização são recolhidos através de inquéritos no terreno. Os dados secundários são recolhidos/derivados de fontes como imagens de deteção remota, mapas topográficos e relatórios preparados por várias agências. O pormenor dos conjuntos de dados e utilitários é discutido a seguir.

4.1.1. Imagens de deteção remota

As imagens de deteção remota como Landsat TM, ASTER DEM e LISS-IV são utilizadas neste estudo. As caraterísticas dos dados de imagem utilizados são apresentadas na tabela 4-1.

4.1.1.1. Imagem Landsat TM

As capacidades dos sistemas Landsat permitiram monitorizar a urbanização ao nível da pegada urbana desde 1972 e proporcionam, com uma largura de faixa de 185 km, uma vasta panorâmica da utilização e ocupação do solo. A imagem Landsat TM é utilizada para preparar um mapa LULC classificado. O processo de classificação é abordado na parte metodológica. O mapa LULC preparado (Fig. 4.1) é utilizado no HEC-Geo RAS para gerar o valor de Manning para o coeficiente de rugosidade da superfície. É utilizado para calcular o movimento inicial da água, uma vez que determina o coeficiente de rugosidade para o LULC do lado da margem ao longo da secção transversal estudada com a ajuda da literatura.

4.1.1.2. Aster DEM

A imagem ASTER é utilizada para a delimitação da bacia hidrográfica e para outras caraterísticas da bacia. Os dados são retirados do produto de dados ASTER Global DEM descarregado dos sítios Web do USGS (earthexplorer.usgs.gov). O hidroprocessamento do DEM é efectuado nas ferramentas Arc Hydro para delinear os limites da bacia hidrográfica e para derivar o TIN no Arc GIS. As caraterísticas da imagem ASTER DEM são apresentadas no quadro n.º 4.1 e a figura 4.1 mostra a área total da bacia. O procedimento pormenorizado é discutido na parte da metodologia.

Tabela-4.1: Imagens de deteção remota utilizadas e suas caraterísticas

Satélite	Resolução espacial (m)	Faixa (Km.)	Data de aquisição
Landsat TM	30	185	março de 2010
LISS-IV	5.8	70	março de 2009
Aster DEM	30	60	outubro de 2011

4.1.1.3. LISS-IV

Os dados LISS-IV são utilizados para a cartografia pormenorizada da ocupação do solo da zona de estudo (nível 3). Uma cobertura detalhada do uso do solo da cidade de Gorakhpur e do seu ambiente é preparada utilizando cabeças de digitalização (fig.5.5).

4.1.2. Dados complementares

As folhas topográficas (n.ºs 63N/1, 63N/2, 63N/5, 63N/6, 63N/7, 63N/10 e 63N/11) são utilizadas como guias de levantamento, identificação e localização da secção transversal do rio e das margens, localização dos diques e área de armazenamento permanente de água (lagos/corpos de água). Em segundo lugar, o estudo das cheias da bacia foi efectuado com a ajuda de uma base de dados preparada sobre a ocorrência, o nível da água, a descarga e a duração das cheias em estações de medição representativas (Birdghat). Os dados relativos à descarga foram recolhidos no Gabinete Regional da Comissão Central da Água, Birdghat, Gorakhpur. Por fim, a natureza da inundação foi analisada com a ajuda dos métodos de frequência de inundação e de curva de classificação, tendo sido extraído o nível de descarga correspondente aos 25, 50 e 100 anos do período de retorno da inundação.

4.1.3. Software utilizado

O software utilizado para este estudo é o seguinte:

4.1.3.1. Arc-Map 10

O software, desenvolvido pelo Environmental System Research Institute (ESRI), é utilizado para a preparação de DEM, hidro-processamento de DEM e para preparar elementos de bacia para a entrada de HEC-RAS, cartografia de cheias, criação de topologia e cálculo de áreas inundadas, etc. Em particular, a extensão Arc-Hydro e o HEC-Geo RAS são compatíveis com este software.

4.1.3.2. Erdas Imagine 9.2

O sistema de análise de dados de recursos terrestres (ERDAS) é utilizado para o processamento de imagens como subconjunto, transformação do formato de ficheiro dos conjuntos de dados, reprojecção, reamostragem e criação de mapas LULC através de técnicas de classificação não supervisionadas.

4.1.3.3. HEC-Geo RAS 3.1.0

HEC-GeoRAS é uma extensão para utilização com o ArcGIS, desenvolvida e protegida por direitos de autor pelo Environmental System Research Institute, Inc., (ESRI) Redlands, Califórnia. Trata-se de um conjunto de utilitários baseados no ArcGIS para o processamento de dados geoespaciais para utilização com o Sistema de Análise de Rios do Centro de Engenharia Hidrológica (HEC-RAS) do Corpo de Engenheiros do Exército dos EUA. A extensão permite ao utilizador com experiência limitada em SIG criar um ficheiro de importação HEC-RAS contendo dados geométricos a partir de um modelo digital de terreno (DTM) existente e de um conjunto de dados complementares (manual do utilizador do HEC-GeoRAS, 2009). O utilizador cria uma série de temas de linhas ou camadas pertinentes para desenvolver dados geométricos para o HEC-RAS. Os temas necessários são a linha central do curso de água, as linhas centrais do percurso do fluxo, as margens do canal principal e as linhas de corte da secção transversal, designadas por temas RAS. Podem ser criados temas RAS adicionais para extrair dados geométricos adicionais para importação no HEC-RAS. Estes temas incluem Utilização do solo, Alinhamento de diques, Áreas de fluxo ineficaz e Áreas de armazenamento.

4.1.3.4. HEC-RAS 4.1.0

O Hydrologic Engineering Centers River Analysis System (HEC-RAS) é um

modelo unidimensional, destinado à análise hidráulica de canais fluviais. O modelo é composto por uma interface gráfica com o utilizador, componentes de análise hidráulica separadas, capacidades de armazenamento e gestão de dados, gráficos e recursos de elaboração de relatórios. O sistema HEC-RAS inclui quatro componentes de análise fluvial. Estas incluem os cálculos do perfil da superfície da água em regime permanente, a simulação de escoamento instável, os cálculos do transporte de sedimentos e a análise da qualidade da água. Para além destas componentes, o modelo contém várias caraterísticas de conceção hidráulica que podem ser invocadas após o cálculo dos perfis básicos da superfície da água.
estudos de gestão, análise e projeto de pontes e passagens superiores, e estudos de modificação de canais (HEC-RAS, 2010)

Outros softwares incluem

- MS Word e
- MS Excel

4.2. Metodologia

Com a ajuda de dados de deteção remota e de dados auxiliares, juntamente com o software necessário, conforme mencionado anteriormente, são preparados vários parâmetros de entrada. Os principais dados de entrada para a cartografia de inundações incluem a geração da superfície TIN, a preparação da ocupação do solo e a derivação do coeficiente de rugosidade de Manning, a criação de atributos do rio e a estimativa do caudal de projeto. A figura 4.2 apresenta um esboço generalizado da metodologia.

Os métodos seguidos neste estudo envolvem

* Fase pré-campo
* Fase de campo e
* Fase pós-campo

As operações da fase de pré-campo incluem a aquisição de folhas topográficas e imagens multiespectrais, PAN e DEM, o processamento de dados e a interpretação visual para gerar uma base de dados necessária para a operação de campo. A fase de campo envolve a verificação no terreno da utilização do solo e a observação por GPS, o mapeamento da largura do rio e das caraterísticas da utilização do solo nas margens. Finalmente, na fase pós-campo, foi efectuada a simulação, modelação e validação para visualizar o perfil da superfície da água e as áreas de inundação.

4.2.1. Construção de modelos hidráulicos

Existem duas formas principais de especificar os dados de entrada para a construção de um modelo no HEC-RAS. Uma delas é fazer um levantamento físico do local de estudo e recolher manualmente os dados relativos à geometria do rio. A outra forma é utilizar conjuntos de dados geoespaciais como os Modelos Digitais de Elevação (DEM) e desenvolver os dados geométricos no SIG. Os DEMs estão disponíveis gratuitamente para download online e podem ser processados com relativa facilidade para extrair os dados geométricos (descarregados de http://glovis.usgs.gov). Por conseguinte, foi utilizado um DEM para preparar os dados geométricos para o local de estudo. Isto foi feito utilizando o HEC- GeoRAS.

Fluxograma da metodologia de investigação

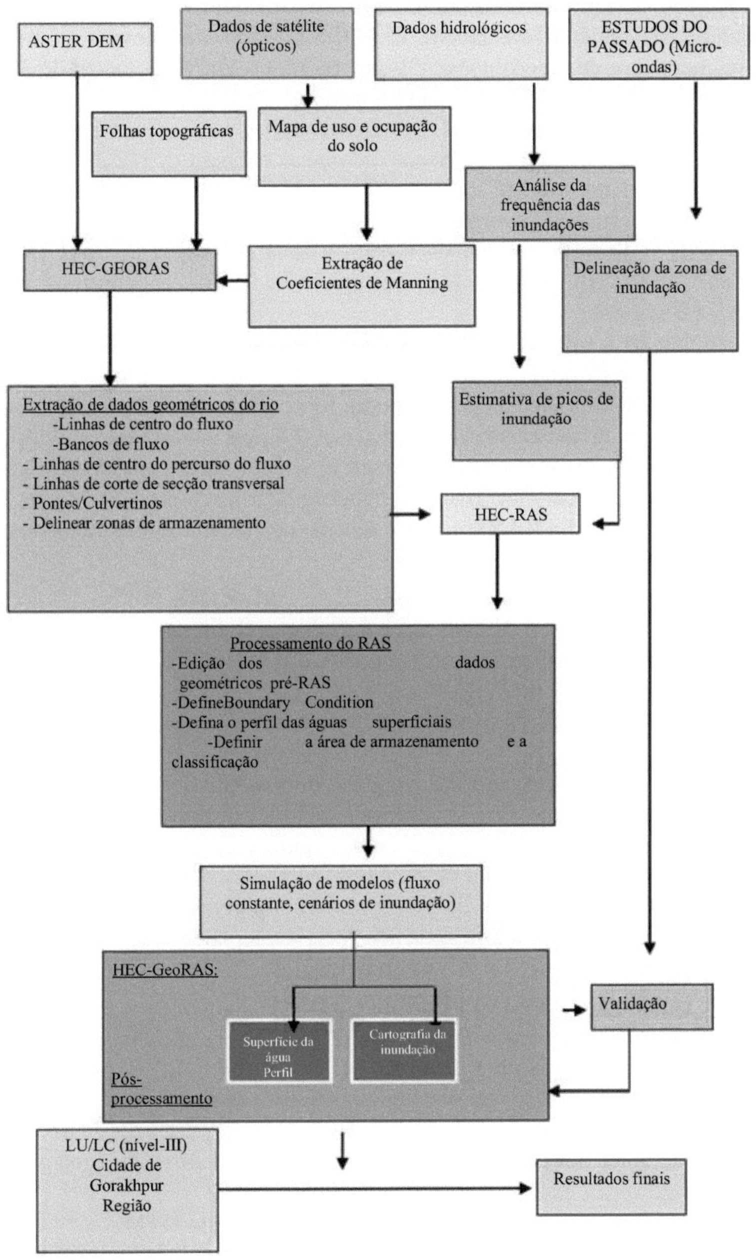

4.2.1.1. Considerações sobre a geometria hidráulica

A geometria hidráulica do rio é essencial para simulações de modelos exactos e depende basicamente do DEM. Os DEMs estão disponíveis gratuitamente principalmente em duas resoluções: 30 m e 60 m. Os DEMs de perfil de 30 metros da imagem Aster foram utilizados para o estudo.

4.2.1.2. Pré-processamento em HEC-GeoRAS

Para criar o ficheiro de dados geométricos para o HEC-RAS, o HEC-GeoRAS requer um modelo digital do terreno do sistema fluvial no formato Triangulated Irregular Network (TIN). O ficheiro DEM foi convertido para o formato TIN utilizando a caixa de ferramentas 3D Analyst no ArcGIS. Após a conversão, o procedimento para a extração dos dados geométricos no HEC-GeoRAS é o seguinte

Utilizando a opção ApUtilities das ferramentas do HEC-GeoRAS 4.1 foi adicionado um novo mapa. O novo mapa não tem qualquer projeção. Por isso, é adicionado um TIN da área de estudo como fonte para obter a projeção e o sistema de coordenadas para as camadas de geometria fluvial a serem criadas. Utilizando a opção Create RAS layers do RAS Geometry; Stream, foram gerados o Centerline, Banks, Flowpaths, XS Cut lines e Blocked Obstructions. As regras para a preparação da geometria RAS com base no tipo de camada são as seguintes

Criação de camadas

> **Linha de centro da corrente**

- A linha de centro do curso de água deve ser criada na direção a jusante, cada linha de curso de rio deve começar na extremidade a montante (o nó De) e terminar na extremidade a jusante (o nó Para).
- Cada rio deve ter uma combinação única do seu nome de rio (River) e do seu nome de extensão (Reach).
- Todos os troços de rio devem estar ligados em cruzamentos. Os cruzamentos são formados quando o ponto final a jusante (ToNode) de um curso coincide com o ponto final a montante (FromNode) do curso seguinte a jusante. Os cruzamentos são formados a partir da intersecção de dois (ou mais) rios, cada um com um nome de rio diferente (River). Um nome de rio representa um percurso de fluxo contínuo.
- As linhas de centro dos cursos de água não se devem cruzar, exceto nas confluências (junções) em que os pontos finais são coincidentes.

> **Linhas de corte transversal / Linhas de corte XS**

- As linhas de corte transversal devem ser orientadas da margem esquerda para a margem direita, quando se olha para jusante.
- As linhas de corte devem ser perpendiculares à direção do fluxo.
- As linhas de corte não se devem cruzar.
- As linhas de corte devem atravessar a linha central do curso de água exatamente uma vez.
- As linhas de corte não podem ultrapassar as extensões do DTM.

> **Bancos**

- Exatamente duas linhas de margem podem intersectar cada linha de corte.
- As linhas bancárias podem ser quebradas (Descontínuas)

• A orientação das linhas de margem não é importante (as linhas podem ser criadas de montante para jusante ou de jusante para montante).

- Opcional - não é necessário criar esta camada

> **Percursos de fluxo**

• As linhas do percurso do fluxo devem apontar para jusante (na direção do fluxo).

• Cada linha do percurso do fluxo deve ser contínua para cada rio. Cada linha de percurso de fluxo deve intersectar uma linha de corte exatamente uma vez.

• As linhas do percurso do fluxo não se devem intersectar.

• Opcional - não é necessário criar esta camada.

> **Camada de obstruções bloqueadas**

• O polígono de obstrução bloqueado deve ser construído para formar um "bloco"

• Opcional - não é necessário criar esta camada.

> **Áreas de utilização do solo**

- O mapa de uso do solo pode ser criado externamente e depois utilizado no HEC GeoRAS ou pode ser preparado diretamente no HEC GeoRAS.

- O mapa de utilização do solo deve conter o campo de valor n de Manning e o código de utilização do solo (nomes das classes).

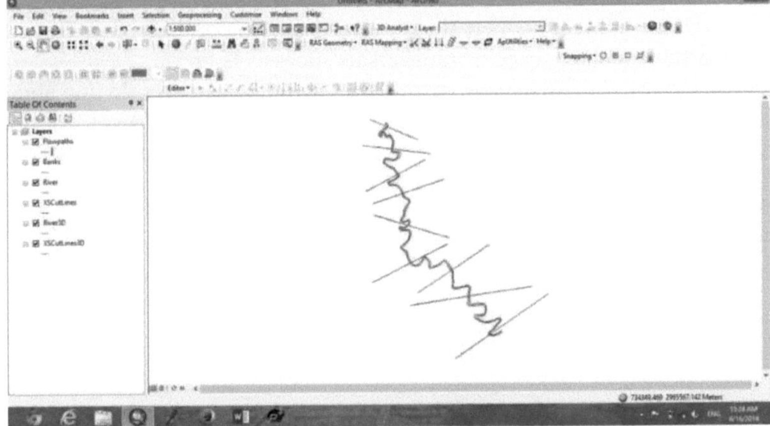

Figura 4.1 Um instantâneo das camadas Rio, Margens, Linhas de Centro do Caminho do Escoamento e Secção Transversal para o rio Rapti no HEC-GeoRAS.

As linhas de margem são utilizadas para distinguir o canal principal das zonas de planície de inundação sobre as margens. As linhas de percurso do fluxo são utilizadas para determinar os comprimentos de alcance a jusante entre as secções transversais no canal principal e as áreas sobre as margens. As linhas de corte das secções transversais são utilizadas para extrair os dados de elevação do terreno para criar um perfil do terreno através do fluxo do canal. A intersecção das linhas de corte com outras camadas RAS, tais como linhas de centro e linhas de percurso de fluxo, são utilizadas para calcular os atributos HEC-RAS, tais como estações de margem (locais que separam o canal principal da planície de inundação), comprimentos de alcance a jusante (distância entre secções transversais) e valor n de Manning. O GeoRAS seleciona automaticamente o valor a partir dos dados.

Configuração de camadas

- Superfície necessária O TIN é selecionado como superfície necessária (é possível escolher DEM também em formato de grelha)
- Camadas necessárias - Linhas centrais do fluxo, linhas de corte XS e linhas de corte 3D XS são selecionadas
- Camadas opcionais - Linhas de margem, linhas de percurso de fluxo bloqueadas por obstruções, mapa de uso do solo e perfil do curso de água (River 3D) são selecionados.
- São selecionadas tabelas opcionais - tabela de valores n de Manning, tabela de nós e tabela de obstruções bloqueadas.

4.2.1.3. Processamento de dados geométricos no HEC-RAS

Os dados geométricos do HEC-GeoRAS são importados para o ambiente do HEC-RAS e os atributos geométricos como estações de margem, linhas de margem e secções transversais do rio são editados, processados e guardados para análise posterior.

As principais entradas para o modelo são:

-Dados geométricos do rio : largura, elevação, forma, localização, comprimento,

-Dados sobre a planície de inundação do rio : comprimento, elevação,

-A distância entre secções transversais sucessivas do rio,

-Valor "n" de Manning para o tipo de utilização do solo que abrange o rio e a zona da planície aluvial,

-Condições de fronteira , por exemplo, declive, profundidade crítica,

-Valores do caudal do curso de água.

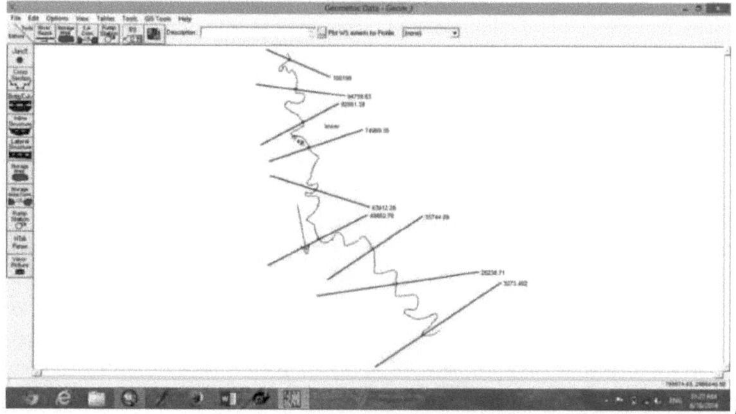

Figura 4.2Dados geométricos do rio, margens, linhas de centro do percurso do escoamento e camadas de secção transversal para o rio Rapti no HEC-RAS

Criação do ficheiro de importação GIS para o HEC-RAS para que este possa ler os dados GIS e criar a geometria do rio. Em primeiro lugar, verifica-se a Configuração de Camadas para verificar se as camadas corretas estão selecionadas e, em seguida, utiliza-se a função Exportar Dados GIS para criar um ficheiro de exportação para utilização no HEC- RAS. Este ficheiro é então importado para o HEC-RAS para a construção de um modelo de planície de inundação. No HEC-RAS, a geometria do rio é representada por uma sequência de secções transversais denominadas estações fluviais. A numeração das estações fluviais aumenta de jusante para montante. A distância entre secções transversais adjacentes é designada por comprimento do curso de água. Cada secção transversal é definida por uma série de coordenadas laterais e de elevação, que são normalmente obtidas a partir de levantamentos topográficos ou de conjuntos de dados geoespaciais. A numeração das coordenadas laterais começa na extremidade esquerda da secção transversal, (olhando para jusante) e aumenta até atingir a extremidade direita. Calibrar o modelo para um pico de caudal real. Os parâmetros que

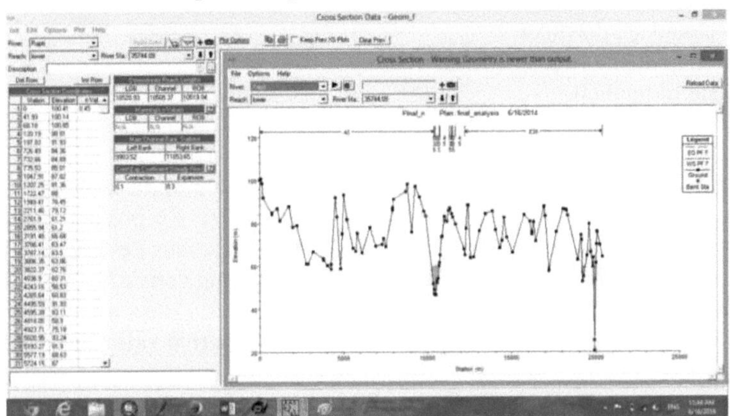

Figura 4.3Retrato de uma secção transversal e seus atributos do rio Rapti

podem ser ajustados são o valor de Manning's n e as condições de fronteira como a profundidade normal ou crítica. As elevações de água observadas são comparadas com as simuladas. Validar o modelo para outros eventos com base nos parâmetros calibrados.

4.2.1.4. Análise de fluxo constante no HEC-RAS

O HEC-RAS permite efetuar análises de escoamento estáveis e não estáveis. Neste estudo, é efectuada uma análise de fluxo constante. Os dados de caudal constante em vários cenários de inundação são calculados e utilizados como entrada. Os períodos de retorno de 2, 5, 10, 25, 37, 50 e 100 foram utilizados como dados de caudal constante.

4.2.1.5. Pós-processamento em HEC-GeoRAS

No pós-processamento, o ficheiro de dados do HEC RAS é novamente importado para o HEC-GeoRAS e são realizadas operações como a criação de superfícies de água e a delimitação de planícies aluviais utilizando TIN. Os resultados do modelo incluem elevações da superfície da água, curvas de classificação, propriedades hidráulicas, ou seja, declive e elevação da linha de energia, área de fluxo, velocidade e visualização do fluxo do rio, o que mostra a extensão das inundações.

Capítulo 5

5 RESULTADOS E DISCUSSÃO

5.1 Fórmula de Manning

O coeficiente de rugosidade de Manning (Manning's n) é um dos parâmetros empíricos mais importantes no domínio da hidrologia, da hidráulica e de outras ciências e engenharias relacionadas com o escoamento de águas superficiais, que quantifica a resistência do leito ao fluxo de água e é utilizado para o cálculo do escoamento em canais abertos em canais naturais e planícies aluviais. Para o cálculo simples da velocidade do caudal, a equação de Manning é expressa da seguinte forma

$$Q=VA=\{1{,}00|n\}AR2^{/3}\ \mathbf{V}\ \mathbf{S}$$

V = Velocidade do fluxo,
n = coeficiente de rugosidade de Manning,
R = Raio hidráulico,
S = declive do canal
A=Área de fluxo

A seleção de um valor para n é subjectiva, baseada na própria experiência e no julgamento do engenheiro (K. Subramanya, 1997, p.99). No presente estudo, a seleção do valor de Manning é derivada de diferentes estudos de caso, tendo em conta as condições de campo do canal. O valor de Manning derivado é apresentado na tabela n.º 5.1.

Tabela 5.1: Classificação do uso/ocupação do solo e respetivo valor de Manning

N.º de identificação	Utilização/cobertura do solo	n de Manning
1.	Cursos de água e canais	0.03
2.	Urbano	0.06
3.	Terreno baldio	0.03
4.	Pomar	0.06
5.	Floresta	0.1
6.	Banco de areia	0.03
7.	Zona húmida	0.07

8.	Terras de cultivo	0.003
9.	Aldeia	0.45

5.2 Resultados da estimativa da inundação de pico

As análises de frequência de cheias são utilizadas para prever as cheias de projeto para locais ao longo de um rio. A técnica envolve a utilização de dados observados de caudais máximos anuais para calcular informações estatísticas, tais como valores médios, desvios padrão, assimetria e intervalos de recorrência. Estes dados estatísticos são depois utilizados para construir distribuições de frequência, que são gráficos e tabelas que indicam a probabilidade de várias descargas em função do intervalo de recorrência ou da probabilidade de excedência. As distribuições de frequências de cheias podem assumir muitas formas, de acordo com as equações utilizadas para efetuar as análises estatísticas. Algumas das formas mais comuns são: Método Gráfico, Log Pearson Tipo III, Método de Weibul, Equação de Gumbel, etc.

Tabela 5.2: Descrição do sítio Birdghat G/D

Zona	Planície média do Ganges
Rio	Rapti
Localização	Gorakhpur (Uttar Pradesh oriental)
Latitude	26° *46'* N
Longitude	83° 21' E
Elevação da estação (m)	76.049
Secção transversal de margem alta a margem alta (m)	250
Área da secção transversal (em metros quadrados)	600
Coeficiente de Manning durante a cheia	0,00 a 0,02

Fonte: Compilado pelo autor a partir do sítio Birdghat G/D

A descarga associada ao período de retorno, i.e., 2, 5, 10, 25, 50 e 100 anos, foi calculada através do método log Pearson tipo-III. Os dados de descarga máxima anual são obtidos dos sítios Birdghat G/D (tabela 5.1 e 5.2).

Tabela 5.3: Dados sobre a descarga máxima no rio Rapti em Birdghat, 1978-2002

Ano	Descarga máxima (cumec)	Ano	Descarga máxima (cumec)
1978	2775.56	1991	789.61
1979	2163.82	1992	1239.33
1980	2667.98	1993	5377.78
1981	3648.3	1994	3607.45
1982	4154.7	1995	2537.45
1983	3163.46	1996	3781.56
1984	3747.73	1997	2326.75
1985	2416.45	1998	6512.5
1986	2903.87	1999	2798.05
1987	2668.98	2000	5811.1
1988	4217.43	2001	6172.15
1989	5346.5	2002	1311.67
1990	2491.45		

Fonte: Relatório de avaliação das cheias, 2000.

Os passos para a análise da frequência de inundação através do método log Pearson tipo III são os seguintes

Na primeira fase, os valores de descarga são colocados por ordem decrescente. É calculado o valor lognormal para cada valor de descarga.

A média lognormal é calculada.

A variância é calculada através da fórmula:

$$\frac{\sum_{i}^{n}(\log Q - avg(\log Q))^{\wedge}2}{n-1}$$

1. O desvio padrão é calculado utilizando a fórmula:

$$\sigma \log Q = \sqrt{\text{var}\,iance}$$

2. O coeficiente de assimetria (cs) é calculado para conhecer a

$$\frac{n \times \sum_{i}^{n}(\log Q - avg(\log Q))^{\wedge}3}{(n-1)(n-2)(\ \sigma\ \log \mathrm{Q})^{\wedge}3}$$

desigualdade nas descargas. A fórmula é a seguinte:

3. O valor de K é a função do período de retorno e do coeficiente de assimetria. Esta constante determina a forma da curva de frequência das inundações. O valor K é encontrado utilizando a tabela de factores de frequência.

A descarga associada a cada período de retorno é calculada através da fórmula

log QTr = avg(logQ) + [K (Tr, Cs)] x σlogQ

O valor calculado da descarga associado ao período de retorno, ou seja, 2, 5, 10, 25, 50 e 100 anos, é apresentado na tabela 5.4

Tabela 5.4: Estimativa da descarga em diferentes períodos de retorno

N.º de identificação	Período de retorno (ano)	Descarga Q
1.	2	2949.26
2.	5	4130.41
3.	10	4922.72
4.	25	6056.40
5.	50	7336.17
6.	100	8937.82
7.	200	10933.86

Fonte: Calculado pelo autor

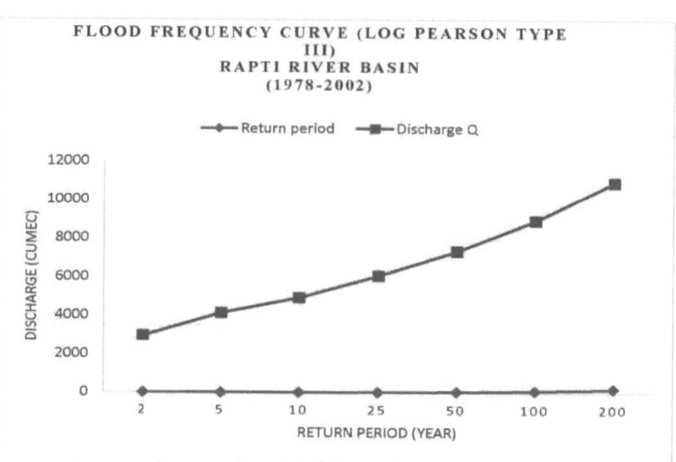

Figura 5.1 Curva de frequência de cheias (Log Pearson tipo III) do rio Rapti em Birdghat G/D

5. 3Mapa de uso e ocupação do solo (LULC)

As imagens Landsat TM foram classificadas digitalmente para produzir o mapa de utilização e ocupação do solo da bacia do rio Rapti. A classificação não supervisionada foi efectuada no subconjunto de imagens do mosaico de dados Landsat TM da área de estudo. A imagem foi classificada em 30 classes utilizando um número máximo de 50 iterações e mantendo o limiar de convergência em 0,95. O ERDAS Imagine utiliza o algoritmo Iterative Self-Organizing Data Analysis Technique (ISODATA) para efetuar uma classificação não supervisionada. O procedimento é iterativo na medida em que efectua repetidamente uma classificação completa (produzindo uma camada raster temática) e recalcula as estatísticas. A "auto-organização" refere-se à forma como localiza os clusters que são inerentes aos dados. O método de agrupamento ISODATA utiliza a fórmula da distância espetral mínima para formar os agrupamentos. Começa com médias de cluster arbitrárias ou médias de um conjunto de assinaturas existente e, cada vez que o agrupamento se repete, as médias dos clusters são deslocadas. As novas médias de cluster são usadas para a próxima iteração. A iteração continua até que 95% dos pixéis se mantenham inalterados entre iterações. A imagem classificada é então observada no ERDAS viewer. Os atributos da imagem classificada foram vistos a partir dos atributos Raster. As cores dos atributos foram alteradas para distinguir as classes. Como a classificação não supervisionada se baseia puramente em assinaturas espectrais, a mistura espetral provoca erros de classificação. Para classificar os pixéis em classes específicas, procedeu-se à recodificação das classes para as dividir utilizando camadas AOI. A operação de aglomeração foi efectuada na imagem recodificada. A imagem agrupada é então utilizada como imagem de entrada para o processo de eliminação baseado na área mínima de mapeamento. Durante o processo de eliminação, foram eliminados os grupos de classes com uma área inferior a 2700 m2 . A operação de transformação de raster em polígono foi realizada na imagem para obter um ficheiro vetorial útil para outras operações. Esta operação é validada por uma técnica visual e a precisão é de cerca de 83%.

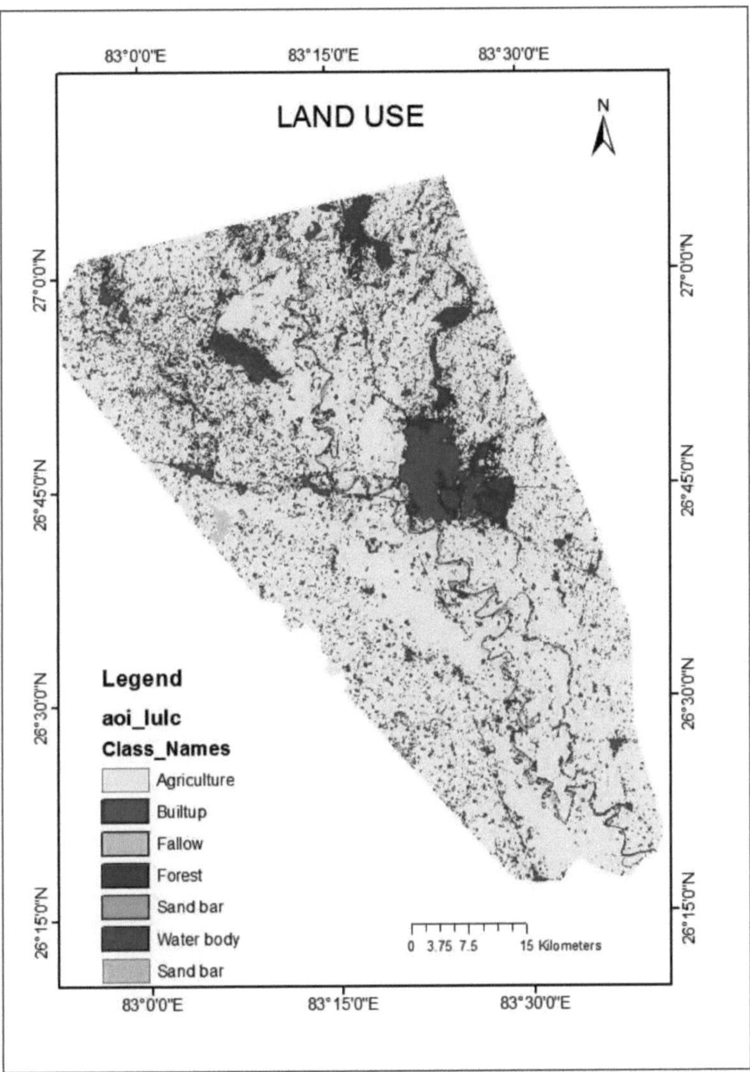

Figura 5.2 Mapa de uso do solo da área de estudo

5.4 Geração de DEM e TIN

A rede irregular triangulada é uma representação vetorial de uma superfície terrestre física. Trata-se de uma estrutura de dados digitais utilizada no SIG. No presente estudo, os dados ASTER são utilizados para o modelo digital de elevação (DEM) rasterizado e o TIN é derivado deste (fig. 5.3 A e B). O modelo revelou que a bacia do Rapti tem duas unidades fisiográficas distintas. A parte superior da bacia tem caraterísticas montanhosas distintas (sendo parte de Siwalik) com uma elevação máxima de mais de 4000m. A secção sul da bacia faz parte da zona do tarai, com uma altitude inferior a 100 m. Entre estas duas secções, situa-se o amplo Rapti dun. A altitude desta secção varia entre 150 m e 300 m e o declive é suave (100 cm/km). A área de estudo (fig.5.3 B) faz parte da zona do tarai. A área de estudo é uma planície sem caraterísticas, com uma elevação média inferior a 85 metros. A parte sul da área de estudo atingiu uma altitude inferior a 68 m. Devido à baixa altitude, os rios mudam frequentemente de curso.

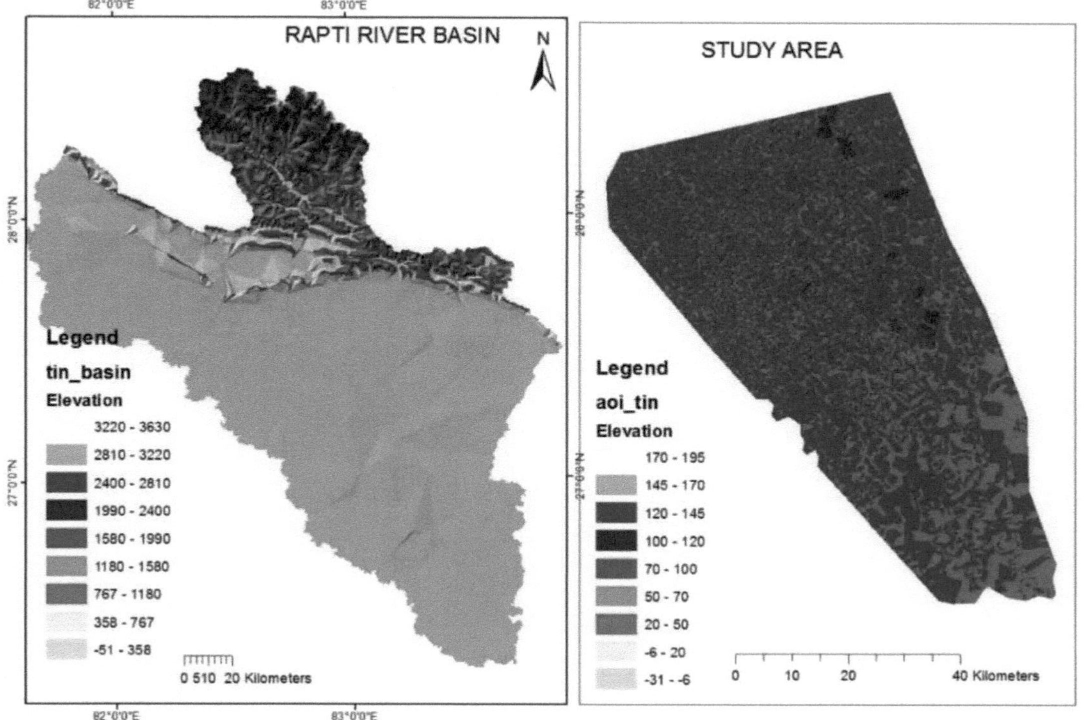

Figura 5.3 Exemplo de Modelo Digital de Elevação da Bacia do Rio Rapti com resolução de 30m.

5. 5Mapeamento da inundação e da planície de inundação

A inundação e a extensão da planície de inundação são delineadas com a ajuda d HEC RAS e do HEC-Geo RAS. O estudo de simulação foi efectuado através da análi de fluxo constante com base na descarga máxima de pico do período de retorno de 5, 10, 25, 50, 100 e 200 anos. A análise de fluxo instável não foi efectuada devido indisponibilidade de dados de descarga horária e de parâmetros de junção precisos. resultado é ainda verificado com um estudo anterior efectuado pelo Remote Sensin Application Centre (RSAC), U.P. (1998). A verificação da planície de inundaçã delineada ao nível da cheia de 1998 pelo HEC RAS e HEC-Geo RAS foi comparac com a área da imagem de inundação delineada pelo RSAC do mesmo período. A áre total que foi inundada durante a cheia de 1998 foi estimada pelo RSAC em 97 Kn enquanto a área inundada calculada utilizando o HEC RAS abrange 71 Km^2 . O valo mais elevado estimado pelo RSAC pode dever-se à falha dos aterros no ano de 199 A área não inundada reflecte as cristas aluviais onde a elevação varia geralmente c 75-100 metros acima do nível do mar. A maior extensão de inundação simulada pa os períodos de retorno de 2, 25, 50 e 100 anos é estimada em 45, 66, 74 e 85 Kn respetivamente (fig. 5.4 e tabela 5.5)

Tabela 5.5: Simulação de cheias com diferentes períodos de retorno

Ocorrência de inundações	Área inundada (Km)^2	
	Simulado	Observado (RADARSAT)
1998	70	90
2 anos	45	-
25 anos	66	-
50 anos	74	-
100 anos	85	-

5. 6Uso do solo urbano em planícies aluviais

O mapa de ocupação do solo da cidade de Gorakhpur mostra que a cidade est localizada nas planícies aluviais do rio Rapti. As terras agrícolas são a categoria de us do solo dominante na área de estudo, seguidas das áreas construídas, florestas e zona húmidas (fig. 5.6). O mapa sobreposto da inundação delineada do período de retorn de 100 anos (planícies aluviais) mostra que a maior parte da parte sul e sudoeste da áreas da cidade é mais suscetível a inundações. Alguma parte central da cidade, co uma elevação muito baixa, é suscetível de inundações frequentes e de alagamentos. A terras agrícolas e as zonas húmidas continuam a ser a categoria de uso do solo ma dominante nas planícies aluviais com um período de retorno de 100 anos. Algumas da instalações e instituições vitais encontram-se acima das planícies aluviais com u período de retorno de 100 anos. Estas incluem o aeroporto, os caminhos-de-ferro e universidade. Os novos empreendimentos ao longo de lagos e zonas húmidas são a áreas mais propensas a riscos de inundação. O desenvolvimento/crescimento d expansão urbana em direção à parte sul da cidade será mais vulnerável ao risco de inundação.

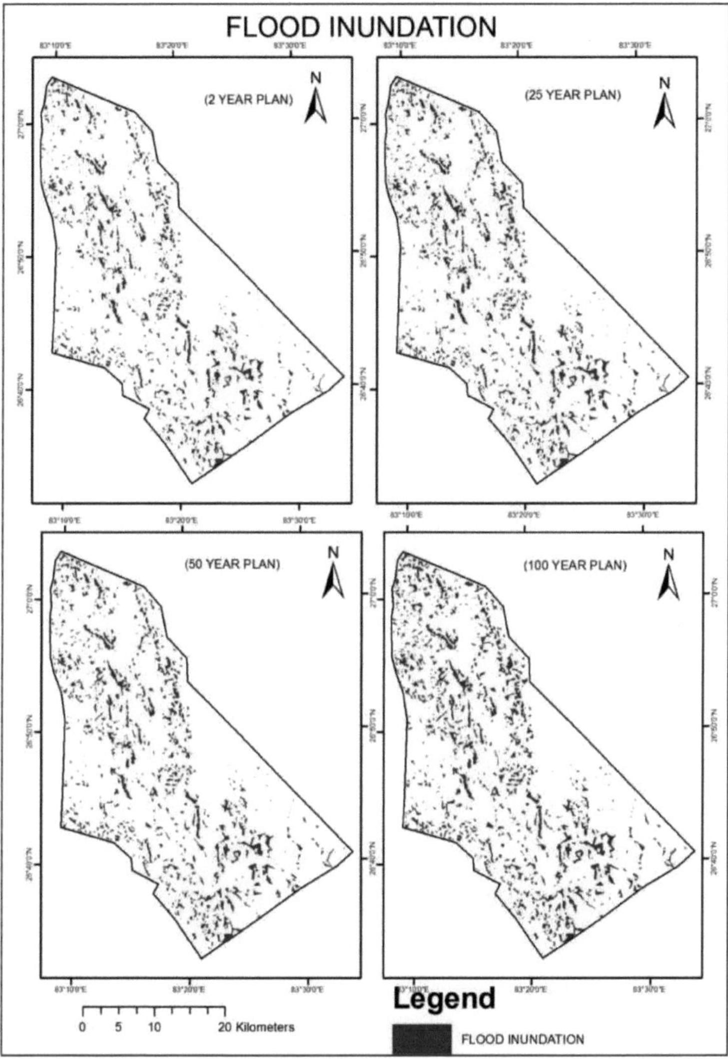

Figura5.4 Inundação em diferentes períodos de retorno

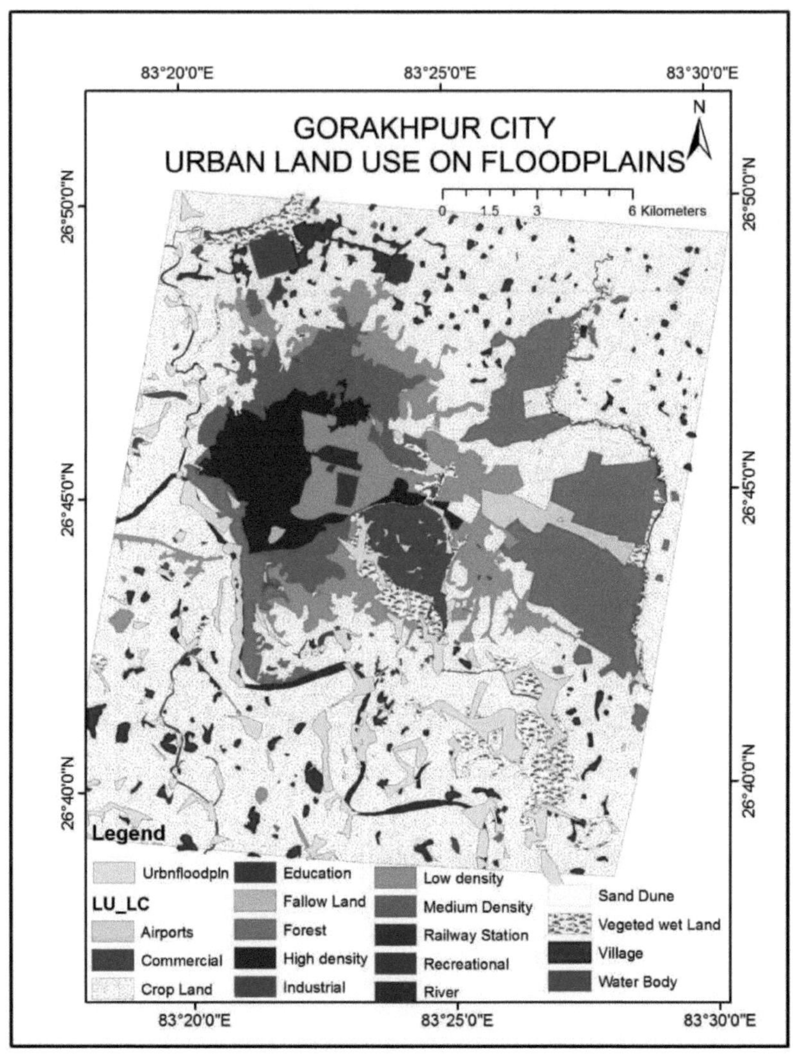

Figura 5.5 Inundações na cidade de Gorakhpur e seus arredores

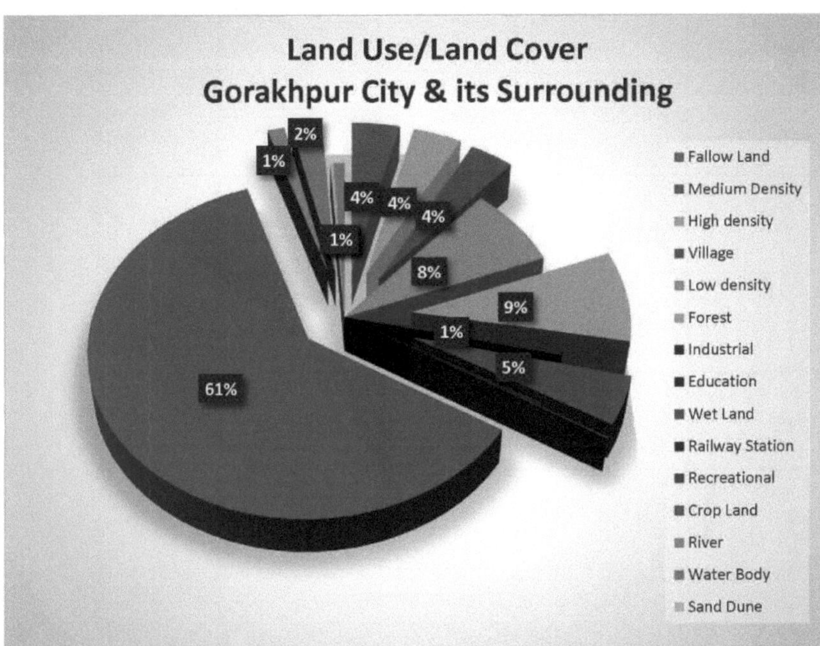

Figura 5.6 Padrão de utilização do solo em redor da cidade de Gorakhpur

Tabela 5.6. Utilização do solo na planície de inundação em redor da cidade de Gorakhpur

Utilização do solo	Área (Km2)		Área propensa a inundações (período de retorno de 100 anos)	
	Área (km)^2	Em (%)	Área (km2)	Em (%)
Pousio	0.18	0.04	0.09	-
Média densidade	14	3.78	-	-
Alta densidade	14	3.78	-	-
Aldeia	13	3.5	8	10

Baixa densidade	28	8.0	9	11.2
Floresta	32	7.6	21	26.2
Industrial	2	0.5	-	-
Educação	1	0.25	-	-
Terrenos húmidos	17	4.6	12	15
Estação ferroviária	1	0.27	-	-
Recreativo	0.49	0.13	-	-
Terras cultivadas	222	60.0	30	37.0
Rio	5	1.3	-	-
Corpo de água	9	2.4	-	-
Duna de areia	1	0.27	-	-
Aeroportos	3	0.81	-	-

RESUMO E CONCLUSÃO

A cartografia das inundações é uma ferramenta importante para o planeamento do crescimento urbano e municipal, planos de ação de emergência, taxas de seguro contra inundações e estudos ecológicos. A cartografia de uma planície aluvial é uma componente crucial das medidas de redução do risco de inundação. Requer uma previsão do comportamento do curso de água em questão para vários intervalos de recorrência de eventos de tempestade e a capacidade de traduzir os resultados previstos numa extensão de inundação em planta. O Sistema de Análise de Rios do Centro de Engenharia Hidrológica (HEC-RAS) tem a capacidade de modelar eventos de cheias e produzir perfis de superfície da água ao longo do comprimento do curso de água modelado. Com o utilitário SIG Arc-GIS e o HEC-GeoRAS, esses perfis de superfície da água podem ser facilmente convertidos em mapas de inundação. O presente trabalho efectua um estudo de cartografia de inundações utilizando o HEC-RAS e apresenta um estudo de caso sobre a cidade de Gorakhpur e o seu ambiente, demonstrando as capacidades do HEC-RAS e do HEC-GeoRAS. A cidade de Gorakhpur e as suas zonas periurbanas são famosas pelo risco de inundações frequentes. Situada na planície de inundação da bacia inferior do rio Rapti, a cidade faz parte das planícies planas do médio Ganges. O estudo utilizou um SIG baseado em vectores e DEM para delinear os limites das bacias hidrográficas e prever as áreas de possível inundação durante um evento de cheias na cidade de Gorakhpur e arredores. Neste projeto, foram utilizadas imagens ASTER da área de estudo para gerar o DEM. Através da utilização do HEC-GeoRAS e do TIN derivado do DEM, foram extraídas e utilizadas no HEC-RAS informações geométricas como a linha central do rio, as margens do rio, as linhas de corte da secção transversal e as áreas de armazenamento. A análise da frequência das cheias foi calculada com a ajuda do método Log Pearson Tipo III com dados de descarga média anual do sítio Birdghat GD na bacia inferior do rio Rapti. Foi efectuada uma análise de fluxo constante e a extensão da inundação foi então simulada com base nesses parâmetros derivados e foram gerados diferentes cenários de picos de inundação utilizando um período de retorno de 2, 25, 50 e 100 anos. O estudo permitiu as seguintes observações:

O rio Rapti, em Gorakhpur, tem uma enorme bacia hidrográfica que se estende pela cordilheira Siwalik dos Himalaias, a norte, e pela região do Tarai, com terrenos mais elevados. A cidade de Gorakhpur e os seus arredores são planícies com uma altitude média inferior a 80 m. A literatura anterior mostra que a precipitação das monções é a principal causa de inundações na planície inferior do rio Rapti, onde se situa a cidade de Gorakhpur. As terras agrícolas são a categoria dominante de utilização do solo na zona de estudo, seguidas das áreas construídas, das florestas e das zonas húmidas. As novas urbanizações ao longo de lagos e zonas húmidas são as zonas mais propensas a riscos de inundação. As terras agrícolas e as zonas húmidas continuam a ser a categoria de uso do solo mais dominante nas planícies aluviais com um período de retorno de 100 anos. O DEM e o TIN derivado da área de estudo indicaram que a cidade e os seus arredores estão pontilhados com várias depressões, portanto, áreas potencialmente inundadas. Alguma parte central da cidade, com uma elevação muito baixa, é suscetível de inundações frequentes e de alagamentos. As zonas sul e sudoeste da cidade são mais susceptíveis a inundações. No entanto, as instalações e instituições vitais encontram-se acima das planícies aluviais do período de retorno de 100 anos. Estas incluem o aeroporto, os caminhos-de-ferro e a universidade. O desenvolvimento/crescimento da expansão urbana em direção à parte sul da cidade será mais vulnerável ao risco de inundação.

Neste estudo, foi utilizado o DEM ASTER com uma resolução de 30 m e observou-se que a qualidade do DEM tem uma influência importante no modelo HEC-RAS e na geração de cenários de inundação. O DEM derivado de dados LIDAR pode fornecer DEMs mais exactos até ao nível de cm e pode ser utilizado para estudos futuros. Além disso, o comprimento da série de dados temporais da descarga máxima anual influencia os métodos log Pearson tipo III para estimar a descarga de diferentes períodos de retorno.

REFERÊNCIAS

Acrement, G.J. e Schneider, V.R., (1989). Guide for selecting Manning's roughness coefficients for natural channels and floodplains. Relatório n.º FHWA-TS-84-204. Federal Highways Administration, Departamento de Transportes dos EUA, Washington. http://www.fhwa.dot.gov/BRIDGE/wsp2339.pdf, Acedido em 15.05.2014.

Amrutkar, R.P (2013) Flood modeling by HECRAS and HEC- GeoRAS Hydrological tools: Case Study of Somb River, India, LAP Lambert Academic Publishing, Deutschland.

Apirumanekul, C. e Mark, O. (2001) Modelling of Urban Flooding in Dhaka City, 4th DHI Software Conference, disponível em http://www.litpack.com/upload/publications/mouse/apiru manekul_modelling_of_urban.pdf acedido em 15-5 2014.

Bamford, T.B., Balmforth, D.J., Lai, R.H.H. e Martin, N. (2008) Understanding the Complexities of Urban Flooding through Integrated Modelling, 11ª Conferência Internacional sobre Drenagem Urbana, Edimburgo, Escócia, Reino Unido.

Barroca, B., Bernardara, P., Mouchel J. M. and Hubert, G (2006) Indicadores para a identificação da vulnerabilidade às inundações urbanas, in Nat. Hazards Earth Syst. Sci., 6, 553-561. 77

Chormanski, J., T. Van de Voorde, T. Deroeck, O. Batelaan e F. Canters, 2008. Melhoria da previsão do escoamento distribuído em bacias urbanizadas com estimativas baseadas em deteção remota da cobertura de superfície impermeável. Sensors, 8: 910932.

Cook, A. C (2008) Comparison of one-dimensional HEC-RAS with two-dimensional FESWMS model in flood floodation mapping, tese não publicada submetida à Universidade de Purdue.

D. J. Parker e D. H. Harding (1978) Planning for Urban Floods, in Disaster, vol.2 (1) 47-57.

Daniel, B. E., Camp, J.V., LeBoeuf, E. J., Penrod, J. R., Dobbins J. P., e Abkowitz, M. D. (2011) Watershed Modeling and its Applications: A State-of-the-Art Review, The Open Hydrology Journal, 5, 26-50.

De, U.S., Singh, G. P. and Rase, D. M. (2013) Urban flooding in recent decades in four mega cities of India, in J. Ind. Geophys. Union, Vol.17 (2):153-165.

Diaz-Nieto, J., Blanksby, J., Lerner, D.N. e Saul A.J. (2008) A GIS approach to explore urban flood risk management, 11thInternational Conference on Urban Drainage, Edimburgo , Escócia, Reino Unido, disponível em http://web.sbe.hw.ac.uk/staffprofiles/bdgsa/11th_International_Confer ence_on_Urban_Drainage_CD/ICUD08/pdfs/653.pdf acedido em 01-02 2014.

Gupta, A. K. e Nair S. S. (2011) Urban floods in Bangalore and Chennai: risk management challenges and lessons for sustainable urban ecology, in Current Science, Vol. 100, NO. 11: 1638-1645.

Isma'il, M., Saanyol, I. O. (2013) Aplicação de Sensoriamento Remoto (RS) e Sistemas de Informação Geográfica (SIG) no mapeamento de vulnerabilidade a inundações: Case study of River Kaduna, International Journal of Geomatics and Geosciences Vol. 3(3): 618-627.
J. Wang, Y. Hong, L. Li, J. J. Gourley, K. Yilmaz, S. Khan, F. S. Policelli, R. F. Adler, S. Habib, D. Irwn, T. Korme, e L. Okello, "O modelo hidrológico distribuído Coupled Routing and Excess STorage (CREST)," Hydrol. Sci. J., 2010.
Jha, A. K., Bloch, R. e Lamond, J. (2012) Cities and Flooding: A Guide to Integrated Urban Flood Risk Management for the 21st Century, Banco Mundial, Washington, D. C.
Jha, Abhas (2011) Urban Flood Risk Management for the 21st Century.pdf, disponível em
http://www.preventionweb.net/files/globalplatform/entry
_presentation~abhasjhaurbanfloodsinthe21stcenturygp20 11.pdf acedido em 09-05-2014.
Kheder, K aplicação da deteção remota (R.S) e dos sistemas de informação geográfica (G.I.S) para a avaliação do risco de inundação: um estudo de caso do vale de al kharj - al kharj arábia saudita,
Disponível em
(http://www.saudigis.org/FCKFiles/File/8th_GIS_Progra
m/Papers/31_Khaled_Kheder.pdf
Liu Y. B. e De Smedt, F (2005) Flood Modeling for Complex Terrain Using GIS and Remote Sensed Information, Water Resources Management, 19:605-624.
Autoridade Nacional de Gestão de Catástrofes (2010) National Disaster Management Guidelines: Gestão das inundações urbanas, Governo da Índia, Nova Deli.
Remote Sensing Application Centre, U.P (1998) Mapping of flood affected area in parts of Eastern Uttar Pradesh using microwave (RADARSAT) data, technical note no. RSAC- UP:DIR:TN:01:1998, Lucknow.
Sadiq I. Khan, Yang Hong, Jiahu Wang, Koray K. Yilmaz, Jonathan J. Gourley, Robert F. Adler, G. Robert Brakenridge, Fritz Policelli, Shahid Habib e Daniel Irwin (2011) Satellite Remote Sensing and Hydrologic Modeling for Flood Inundation Mapping in Lake Victoria Basin: Implications for Hydrologic Prediction in
Ungauged Basins, IEEE Transactions on Geoscience and Remote Sensing, Vol. 49, (1): 85-95.
Sanyal, J e Lu, X. X. (2004) Application of Remote Sensing in Flood Management with Special Reference to Monsoon Asia: A Review, Natural Hazards 33: 283-301.
Schumann, G., Bates P. D., Horritt, M. S., Matgen, P. e Pappenberger, F (2009) Progress in Integration of Remote Sensing-Derived Flood Extent and Stage Data and Hydraulic Models, Reviews of Geophysics, 47: 1-20.
Singh, R. B. e Singh, S. (2011) Rapid urbanization and induced flood risk

in Noida, India, Asian Geographer, 28:2, 147169
Subramanya, K. (1997) Flow in open channels, Tata McGrawHill Publishing company ltd, New Delhi.
Taubenb'ock, H., Wurm, M., Netzband, M., Zwenzner, H., Roth, A., Rahman, A., e Dech, S. (2011) Flood risks in urbanized areas - multi-sensoral approaches using remotely sensed data for risk assessment, Nat. Hazards Earth Syst. Sci., 11, 431-444.
Townsend, P.A. e S.J. Walsh, 1998. Modelação da inundação de planícies de inundação utilizando um SIG integrado com radar e deteção remota ótica. Geomorphology, 21: 295-312.
Tyagi, N. (2002) Impact of Water Bodies and Pollution Regime: A Case Study of Gorakhpur City Using Remote Sensing and GIS, tese de diploma não publicada apresentada à URSD, IIRS, Dehradun.
Tyagi, N. (2012) Level of Social Infracture: A Case Study of Gorakhpur City, em Singh, K.N e Rana, N.K, Holistic Development: A geographical Perspective, Radha
Publication, Nova Deli.
US Army Corps of Engineers (2009) HEC-GeoRAS GIS Tools for Support of HEC-RAS using ArcGIS User's manual disponível em http://www.hec.usace.army.mil/software/hec- georas/documentation/HEC-GeoRAS42_UsersManual.pdf acedido em 14-06-2014
US Army Corps of Engineers (2010) HEC-RAS River Analysis System User's Manual, Institute for Water Resources Hydrologic Engineering Centre, disponível em http://www.hec.usace.army.mil/software/hec-ras/documentation/HEC-RAS_4.1_Users_Manual.pdf.
Wanga, X., Gub, X., Wub, Z., and C. Wangc (2008) Simulation of Flood Inundation of Guiyang City Using Remote Sensing, GIS and Hydrologic Model, The International Archives of the Photogrammetry, Remote Sensing and Spatial Information Sciences. Vol. XXXVII. Parte B8. Beijing.

MIX
Papier aus verantwortungsvollen Quellen
Paper from responsible sources
FSC® C105338

Printed by Books on Demand GmbH, Norderstedt / Germa